인류의 건강을 지켜낸 하비 와일리와 독약구조대

인류의 건강을 지켜낸 하비 와일리와 독약구조대

초판 1쇄 발행 2021년 11월 25일 초판 2쇄 발행 2022년 10월 15일

지은이 게일 재로 | 옮긴이 정아영 | 펴낸이 임경훈 | 편집 이현미
펴낸곳 롤러코스터 | 출판등록 제2019-000296호
주소 서울시 마포구 월드컵북로 400 서울산업진흥원 5층 2호
전화 070-7768-6066 | 팩스 02-6499-6067 | 이메일 book@rcoaster.com

ISBN 979-11-91311-08-2 03570

롤러코스터
Rollercoaster Press

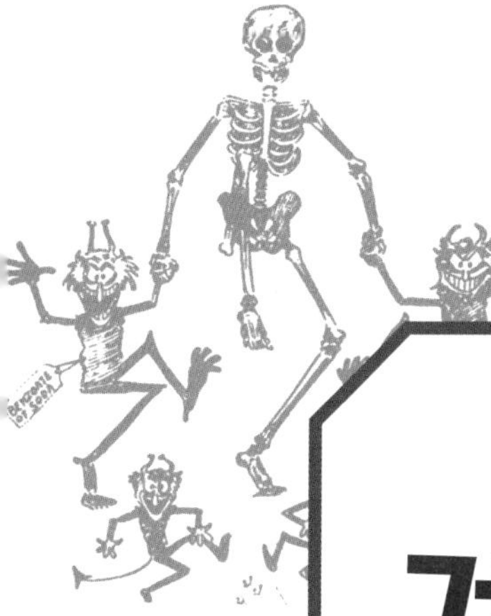

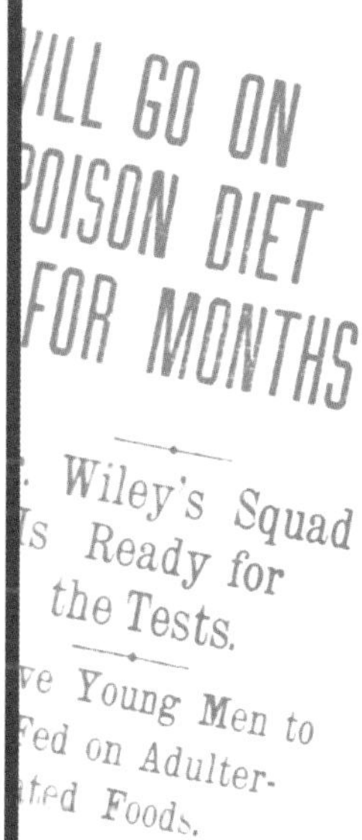

인류의 건강을 지켜낸 하비 와일리와 독약구조대

게일 재로 지음 | 정아영 옮김

The Poison Eaters:
Fighting Danger and Fraud in our Food and Drugs

1900년 10월, 풍자 잡지 〈펔Puck〉에 실린 삽화. '먹으면 죽는 약 팝니다.' 약국 약사가 위험한 약을 팔고 있다. 손님들은 서로 먼저 사려고 아우성인데, 심지어 그중에는 아이도 있다. 아편, 코카인, 스트리크닌, 진정 시럽이 든 병이 손님들을 유혹한다.

차례

로버트를 위하여

감사의 말

역사와 화학 부문 자료, 정부 자료, 사진 등을 조사하는 데 많은 분이 아낌없는 도움을 주셨기에 이 책이 나올 수 있었다. 여성클럽총연합의 얼리사 콘스터드, 델라웨어 대학교 화학·생체분자공학과 교수 R. 버트럼 디머 주니어, 미국 식품의약국FDA 소속 역사학자 수잰 주노드 박사와 로셸 프루얀스키, 코넬 대학교 식품과학부 교수 조 M. 레겐스타인, 바사 칼리지 특별 컬렉션 도서관의 딘 로저스, 미국 의회도서관 사본열람실과 인쇄 및 사진자료 열람실 직원들에게 감사의 뜻을 표한다.

캘킨스크리크 출판팀의 창조적인 작업과 세심한 노고에 늘 감사한 마음이다. 특히 내 책을 담당해준 훌륭한 편집자 캐럴린 P. 요더에게 깊은 고마움을 전한다.

_게일 재로

20세기 초 광고를 보면 당시 붕사가 세탁세제로 흔히 쓰였다는 것을 알 수 있다. 그뿐 아니라 붕사는 식품 보존료로도 쓰였다.

세숫대야 광고 내용: 붕사 세제와 함께하면 세탁이 훨씬 즐거워져요.

CHAPTER 1

방부 처리된 꿀벌과 식탁을 가득 채운 맛있는 음식들

솥 안에 죽음의 독이 들었습니다.
_프레드릭 어큠, 〈열왕기하〉 4장 40절(인용)

오늘 저녁은 얼마나 배가 고팠던지, 평소와 달리 어머니가 두 번 부르기 전에 식탁에 앉았다. 지금은 1890년이고, 미국 국민의 3분의 1과 마찬가지로 나는 큰 도시에서 살고 있다. 농장을 갖고 있던 우리 할머니와 할아버지는 직접 재배한 작물로 먹을 것을 만들어 드셨다. 그러나 지금 우리 어머니나 어머니 친구들은 모두 식료품점에서 식재료를 산다.

나는 포크를 집어 들고 음식을 뒤적인다. 저녁으로 닭고기가 나올 줄 알았는데, 접시에 놓인 고기는 모양도 냄새도 닭고기와 다르다. 사실 이건 수천 킬로미터 떨어진 곳에 있는 사람들이 값싸고 기름진 돼지고기를 캔에 집어넣어 우리 동네 상점까지 배달한 것이다.

프라이팬에서 지글대는 소시지도 수천 킬로미터 밖에 있는 더러운 공장에서 만든 것이다. 바닥에 굴러다니는 고기 부스러기가 쥐똥과 섞이든 말든 죄다 끌어모은 다음

썩지 않게 붕사를 섞어서 만든 소시지다.(붕사는 청소 및 세탁 세제에 들어가는 물질이다.)

고기 옆에는 먹음직스러워 보이는 밝은 초록색 완두콩이 곁들여 있다. 완두콩 통조림 회사는 완두콩 빛깔을 더 선명하게 만들기 위해 황산구리를 첨가했다.(오늘날 황산구리는 목재의 부패를 방지하고 해캄의 번식을 막는 데 쓰인다.)

유리잔에 담긴 우유는 물을 잔뜩 탄 다음 오랫동안 신선하게 보존되도록 포름알데히드를 섞은 것이다.(포름알데히드는 사체를 방부 처리할 때 쓰이는 물질이다. 따라서 먹어도 되는 성분이 아니다.)

아버지가 열고 있는 꿀 병에 눈길이 간다. 꿀 병 속에는 죽은 벌이 들어 있다. 벌꿀 회사가 자기네 꿀이 벌집에서 채취한 100% 순수 꿀이라는 증거로 집어넣은 것이

'윈슬로 부인의 진정 시럽'은 설사, 유아 산통, 그 밖의 모든 통증에 효과 있는 최고의 치료제라고 홍보했다. 1885년에 나온 이 광고에는 이 시럽에 마약성 진통제 모르핀이 들어 있다는 사실은 나와 있지 않다.

다. 하지만 이 꿀은 순수 꿀은커녕 꿀이라고 부를 수도 없는 것이다. 아버지가 빵에 바르는 것은 옥수수 전분을 화학적으로 가공해서 만든 걸쭉한 글루코스(포도당) 시럽이다. 뭐, 죽은 벌은 진짜다.

어머니가 딸기와 설탕으로 만든 것인 줄 알고 사온 잼도 사실은 딸기잼이 아니라는 점만 빼면, 아주 맛있다. 이 잼은 글루코스, 다른 데 쓰고 남은 사과 조각, 인체에 해로운 붉은색 색소, 살리실산 방부제로 만든 것이다.(오늘날 살리실산은 사마귀 제거제, 여드름 비누, 비듬 샴푸에 흔히 들어가는 성분이다.)

남동생이 울음을 터뜨린다. 최근에 젖니가 나기 시작한 남동생은 이따금 이앓이를 한다. 어머니는 칭얼거리는 아기에게 특효약이라는 '윈슬로 부인의 진정 시럽

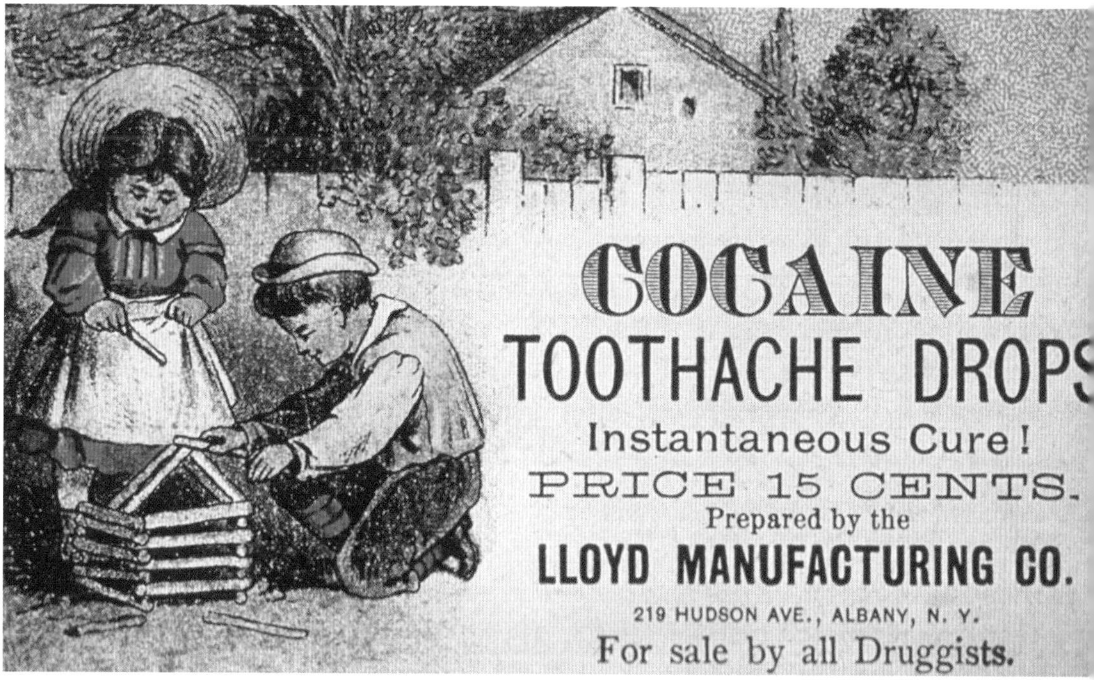

절찬리에 판매된, 중독성 약물로 만든 어린이용 치통 치료제. 1885년 광고 카드(광고 목적으로 만든 작은 인쇄물로, 19세기에 유행하던 광고 형태_옮긴이)에는 이렇게 쓰여 있다. "코카인 투스에이크 드롭스는 코카인이 함유돼 있으며, 매일 사용하는 수많은 소비자를 통해 놀라운 효과가 입증된 치통 치료제입니다."

Mrs. Winslow's Soothing Syrup'을 한 숟가락 가득 먹인다. 어머니는 몇 차례 먹여보니 확실히 효과가 있다고 생각한다. 하지만 사실은 시럽에 든 모르핀이라는 강력한 마약 성분 때문에 동생이 몇 시간 동안 정신을 잃은 것에 불과하다.

어머니가 디저트로 맛있게 생긴 케이크를 준다. 어머니가 제빵용 달걀로 만든 케이크다. 그런데 이 달걀은 어머니가 아침에 달걀 프라이할 때 쓴 것보다 값싼, 오래 묵은 것이다. 아주아주 오래 묵은 달걀이다. 그런데 달걀에 범벅된 포름알데히드 때문에 어머니는 이 달걀의 감춰진 썩은 냄새를 맡을 수 없다.

아버지가 눈을 찡긋하며 식탁 아래로 사탕 한 알을 건네준다. 아버지는 모르지만, 이 사탕에는 납과 비소 성분의 색소가 함유돼 있다.(비소와 납은 자라나는 아이들이 먹는 음식에 절대 들어가면 안 되는 물질이다. 비소는 소화계에, 납은 뇌와 신경계에 문제를 일으킨다.)

어머니의 찻잔에서 우러나는 차는 어머니가 좋아하는 고급 수입 차가 아니라, 이런저런 흔한 나무와 관목에서 딴 잎을 한데 모은 것이다. 더 비싼 값에 팔기 위해 나무나 벽돌 부스러기와 납을 넣어 무게까지 늘린 가짜 차다.

아버지는 커피를 마신다. 아버지는 최상의 맛을 내도록 각종 커피콩을 조합한 특별한 커피를 마신다고 생각하지만, 사실 이 커피는 완두콩과 도토리를 볶아서 간 뒤 소량의 목탄을 첨가해서 만든 것이다.

어머니는 가족들을 위해 준비한 음식이 위험한 화학성분과 싸구려 대체 물질로 가득하다는 것을 꿈에도 모른다. 식품 포장지 겉면과 병에 붙은 라벨에는 이 성분들이 하나도 표시돼 있지 않기 때문이다. 어머니는 코와 눈에 의지해 우유가 상했는지, 달걀이 부패했지, 고기가 썩었는지 판단할 수밖에 없다. 그런데 식품 제조업자들은 어머니를 속이는 방법을 알고 있다.

✠ ✠ ✠

막 20세기가 동튼 시점에 미국 사람들은 아무것도 모른 채 매일같이 속고, 마약에 중독되고, 독약을 마셨다. 그때 무슨 일이 벌어지고 있는지 눈치챈 일부 헌신적인 사람들이 안전한 음식과 의약품이 유통되는 사회를 만들기 위해 행동에 나섰다.

수없이 좌초 위기에 내몰린 기나긴 싸움의 시작이었다. 승리하더라도 만족스럽게 승리하는 경우는 드물었다. 이 싸움이 끝나기 전에 수많은 남성, 여성, 어린이가 고통받고 죽음에 이르렀다. 그러나 마침내 이들의 끈기와 열성이 세상을 바꿨다.

이 이야기는 한 농장에서 시작된다. 한때는 우리가 먹는 모든 음식이 농장에서 나왔다. 이 이야기에 나오는 농장은 미국 인디애나주에 있었다.

CHAPTER 2

농장 소년

나는 화학과 영양학에 점점 더 흥미를 느꼈다.
_하비 와일리

와일리가 태어난 작은 오두막에서 살던 가족은 곧 아버지가 농장 근처에 지은 농가 주택으로 이사했다.

하비 워싱턴 와일리Harvey Washington Wiley는 자신에게 꼭 맞는 때와 장소, 기회를 만난 사람이었다.

와일리는 1844년 10월 18일, 인디애나주 남부에 있는 약 50만m^2 규모의 농장 오두막에서 태어났다. 그의 부모님은 일곱 명의 자식을 먹이고 입히느라 고생이 이만저만 아니었다. 와일리는 여섯째였다.

와일리 가족에게 필요한 것은 거의 모두 농장에서 나왔다. 먹거리는 소·닭·양을 치고, 옥수수·밀·오트·귀리·보리·호밀을 심어서 해결했다. 농기구는 말이 끌었다. 단풍나무와 사탕수수 작물에서 달콤한 시럽

와일리의 부모님. 어머니 루신다 맥스웰 와일리는 1809년 6월 켄터키주에서 태어났으며, 83세에 사망했다. 아버지 프레스턴 와일리는 1810년 12월 오하이오주에서 태어났으며, 84세에 사망했다.

을 얻었다. 어머니 루신다 맥스웰 와일리Lucinda Maxwell Wiley는 양모에서 뽑은 실로 천을 짜 가족 옷을 만들었다. 아이들도 너, 나 할 것 없이 농장 허드렛일을 도왔다.

바닥에 그려진 네모

와일리의 아버지 프레스턴 와일리Preston Wiley는 부수입을 얻기 위해 미장일을 했다. 그뿐 아니라 교회 목사로도 활동하고, 교사로도 일했다.

와일리가 사는 곳은 작은 농경도시였기 때문에 공립학교가 없었다. 대신 부모들이 조금씩 수업료를 내 교실 한 칸짜리 작은 학교 건물에서 아이들이 교육받을 수 있도록 했다. 겨울에만 3~4개월 운영되는 이 교실에서 여섯 살짜리부터 십 대까지 아이들이 한데 모여 수업을 들었다. 달리 돌봐줄 사람이 없었기 때문에 와일리의 아버지는 네 살인 와일리를 데리고 아이들을 가르치러 갔다. 이렇게 해서 와일리는 비공식 학생이 되었다. 와일리의 아버지는 교실 바닥에 분필로 네모를 그려놓고 와일리를 그 안에 머물도록 했다. 어린 와일리는 아버지의 말을 잘 따랐고, 얌전히 앉아 저

1854년 여름, 당시 아홉 살이던 와일리(왼쪽)가 열여덟 살이던 형 제임스와 함께 찍은 사진. 제임스는 이 사진을 찍고 두 달 뒤 총기 사고로 사망했다.

보다 나이 많은 아이들과 함께 수업을 들으며 읽는 법과 산수를 배웠다.

충분한 수업료가 모일 때만 학교가 문을 열었기 때문에, 열여덟 살이 될 때까지 와일리가 학교에 다닌 기간은 네 번의 겨울뿐이었다. 학교에서 배우지 못한 수학, 지리, 작문, 철자법 등은 혼자서 익혔다. 아버지가 갖고 있던 장서와 동네 도서관에서 빌린 책을 읽으며 역사와 문학도 공부했다. 와일리는 책을 통해 세상과 만났다. 심지어 책으로 체스 두는 법을 터득한 뒤, 함께 체스를 두기 위해 아버지와 남동생에게 방법을 가르쳐줄 정도였다. 와일리는 평생 체스를 즐겼다.

남부군을 막아라

와일리 가족은 노예제 폐지론을 지지했다. 남북전쟁이 일어나기 전, 와일리의 아버지는 농장에서 약 8km 떨어진 곳의 '언더그라운드 레일로드Underground Railroad'(미국 남부 흑인 노예를 북부로 탈출시키기 위해 운영되던 비밀 조직_옮긴이) 탈출망을 관리하며 흑인 노예들이 켄터키주를 떠나 오하이오강을 건너도록 돕기도 했다.

1861년 4월 남북전쟁이 일어나자, 와일리는 북부군에 자원하기를 원했다. 와일리는 키가 크고 체격이 좋아 겉모습은 열여덟 살처럼 보였지만, 아직 열여섯 살이었기 때문에 입대할 수 없었다. "정직함을 금과옥조로 여기라고 하신 부모님의 가르침 때문에 나이를 속일 수는 없었다."

대신 와일리와 와일리의 아버지는 남부군의 공격으로부터 인디애나주를 지키기 위해 조직된 '인디애나 레기온Indiana Legion'이라는 기병대에 들어갔다. 두 사람이 배속된 중대는 켄터키주에서 오는 남부군에 맞서 오하이오강 인근을 지키는 임무를 맡고 있었다.

그러나 와일리의 기대와 달리 인디애나 레기온에서는 별다른 활약을 할 기회가 없었다. 토요일 훈련을 제외하면, 경보가 발령될 때만 소집됐다. 몇 차례 적군의 급습이 있었으나, 와일리는 어떤 군사 작전에도 투입되지 않았다. 십 대들에게는 사령부에서 일하며 전갈을 전달하는 역할만 주어졌던 것이다.

이 무렵, 와일리는 평생 농부로 살아가고 싶지는 않다고 생각하고 있었다. 부모님은 정규 교육을 거의 받지 못했지만 교육의 중요성을 인식하고 있었으며, 자녀들이 늘 배움의 자세를 지니도록 북돋웠다. 여성은 진학하는 경우가 드문 시기였음에도, 와일리의 누나 세 명은 적어도 1년 이상 대학 교육을 받았다.

시골 마을에서 받을 수 있는 것 이상의 교육에 목말랐던 와일리는 1863년 봄 아버지에게 선언했다. "아버지, 저 하노버 칼리지에 가고 싶어요." 농장에서 약 8km 떨어진 곳에 있는 학교였다.

와일리의 예상대로 부모님은 적극 지지해주었다. "정말 멋진 생각이다, 너라면 할 수 있어!" 와일리의 아버지는 이렇게 말해주었다.

이 결정으로 열여덟 살 와일리는 큰 도전 과제에 직면했다. 하노버 칼리지에 정식으로 등록하기 위해서는 먼저 입학시험을 통과해야 했다. 그러려면 칼리지 강사에게 라틴어와 그리스어를 추가로 배워야 했다.

와일리 가족에게는 여윳돈이 없었기 때문에, 와일리는 하노버에서 방을 빌려 지내면서 일주일에 한 번씩 농장에서 싸오는 음식으로 끼니를 해결했다. 그리고 어머니가 지어준 옷을 입었다. 와일리는 방세를 내주는 아버지에게 보답하기 위해 토요일만 되면 걸어서 집으로 돌아가 농장 일을 도왔다.

와일리는 마침내 입학시험에 합격해, 1863년 9월에 정규 과정을 밟기 시작했다. 와일리는 수업도, 새로운 친구들을 만나는 것도 즐거웠다. 대학 내 문학 학회(토론회를 열고 발표도 하는 그룹) 두 곳에도 참여했는데, 여기에서 나중에 유용하게 쓸 연설 기술을 익혔다.

참전

아직 남북전쟁이 한창이었다. 와일리는 수천 명의 죽음을 애도했다. 그러나 와일리는 결국 전쟁이 끝나 남과 북이 다시 하나가 될 거라고 확신해, 일기에 이렇게 적었다. "나는 대의를 위해 '죽을 각오'가 돼 있다."

1864년 초, 에이브러햄 링컨Abraham Lincoln 대통령은 더 많은 자원병을 끌어들여 병력을 증강하고 전쟁의 승리를 앞당기기 위해 100일간 짧은 입대를 허가했다. 와일리는 2학년이 시작되는 가을 전까지 군에 복무할 수 있는 기회라고 생각해, 5월에 수많은 하노버 칼리지 동기들과 함께 인디애나주 자원 보병대에 입대했다.

와일리가 소속된 중대는 1년 전 북군이 남군을 몰아낸 테네시주 한 지역에 주둔했다. 인디애나주 군인들에게는 철로를 따라 수송되는 미국 정부 보급품을 지키는 일이 주어졌다.

와일리의 임무는 순찰이었다. 여가시간에는 의과대학에서 공부하다 병장으로 복무하게 된 친구의 도움을 받으며 해부학을 공부했다.

와일리는 실제 전투를 목격하진 못했지만, 수많은 부상자를 본 경험을 작은 가죽 노트에 일기로 남겼다. 한동안 와일리 중대는 천연두 환자를 돌보는 병원 근처에 주둔했다. 이때 와일리는 회복 중인 환자들이 "오염된 옷"을 입은 채 병사들과 섞여 지내 중대원 모두 감염 위험에 처해 있었다고 적었다.

군 복무 기간을 반쯤 남겨둔 7월, 와일리는 온몸에 붉은 반점이 돋았다. 전염성이 굉장히 높은 바이러스성 질환인 홍역에 걸렸던 것이다. 와일리를 비롯해 대다수 지원병이 외부와 교류가 활발하지 않은 지역에서 자라 입대하기 전 홍역에 노출되지 않았던 것이다.

홍역에서 회복되고 나자 이번에는 설사에 시달렸다. 군대 막사가 비위생적인 환경이어서 설사에 걸린 사람은 한두 명이 아니었다. 다른 병사들은 군에서 나눠주는 설사약을 "맹목적인 믿음"으로 받아들였지만, 와일리는 약효가 전혀 없는 엉터리 약이라는 생각에 먹지 않았다. 대신에 설사가 시작되면 증상이 가실 때까지 금식을 했다. 하지만 설사가 끊이지 않다 보니 몸무게가 줄고 힘도 약해질 수밖에 없었다.

열아홉 살 무렵의 하비 와일리. 인디애나 주 하노버 칼리지에 갓 입학해서 찍은 사진이다. 1864년 9월에 발행된 미 육군 제대 통지서에 따르면 와일리는 눈동자와 머리카락이 검은색이었다.

몇 년 뒤 이때를 돌아보며, 와일리는 자신이 십이지장충에 감염됐었다는 사실을 깨달았다. 십이지장충은 인간의 배설물을 통해 퍼지는 장내 기생충이다. 십이지장충에 감염되면 체중이 감소하고 체력이 약해지는데, 당시 남부 지역에서 흔했다.

1864년 9월 말, 마침내 와일리는 상병으로서 100일간 복무를 마치고 집으로 돌아가 대학 공부를 다시 시작했다. 남북전쟁은 그러고 나서 7개월 후에 끝났다.

박사

1867년 6월, 와일리는 다른 9명의 학생과 함께 하노버 칼리지 학부 학위를 취득했다. 군에서 비공식적으로 접한 해부학 수업에 흥미를 느낀 와일리는 이후 대학에서 생물학과 화학 수업에 매료됐다. 와일리는 의료 분야가 자신에게 딱 맞는 직업이라고 생각했다.

군에서 만났던 친구가 켄터키주에서 병원을 개업하자, 스물두 살이던 와일리는 그 친구를 찾아가 견습 생활을 시작했다. 친구를 따라 말을 타고 시골길을 달려 환자의 집을 방문하거나 의학서적을 읽으며 지냈다.

1년간 견습생활을 마친 뒤 와일리는 인디애나폴리스에 있는 인디애나 메디컬 칼리지Indiana Medical College에 입학해 공식적으로 의학 공부를 시작했다. 그런데 의학을 배우면 배울수록 의료 현장이 과학과 거리가 멀고, 특히 의사들이 처방하는 의약품은 그 정도가 심하다는 생각이 들었다.

1867년, 당시 스물두 살이던 하비 와일리가 하노버 칼리지를 졸업하면서 찍은 사진.

와일리는 나중에 이렇게 적었다. "약물학이나 의약품의 알려지지 않은 작용에 대한 별다른 지식 없이 이 약 저 약이 처방됐다." 와일리는 의약품에 관심을 갖게 됐고, 더 깊이 있는 지식을 얻기 위해 화학 수업을 추가로 수강했다.

1871년 봄에 와일리는 의학 학위를 취득했다. 그리고 이듬해 이 대학에서 화학과 학과장 자리를 제안받았다. 수락한다면 마지막 학년 때 조교로 일했던 교수의 자리를 물려받게 될 터였지만, 와일리는 거절했다. 화학을 더 공부하지 않는 한 그 자리를 받아들이기에 학문의 깊이가 충분하지 않다고 느꼈기 때문이다.

이즈음 와일리는 한 과학 콘퍼런스에 참석했다 하버드 대학교 화학과 교수들에게서 깊은 인상을 받고는, 지식을 쌓기에 하버드 대학교가 최적이라고 결정 내렸다. 그리고 1872년 9월, 과학 수업을 듣기 위해 하버드 대학교가 있는 미국 동쪽 매사추세츠주 케임브리지로 갔다.

탁월한 결정이었다. 하버드 대학교에서 와일리는 자신이 원하던 상급 과정을 배울 수 있었다. 학년말에 17일 동안 4년 전체 과정에 대한 전문성을 평가하는 구술과 지필 시험을 치렀다. 와일리는 모든 시험을 통과해, 과학 학사 학위를 받았다. 생애 내내 와일리는 이 학위를 자랑스러워했다.

하버드 학위를 갖춘 와일리는 화학과 생리학을 가르치기 위해 인디애나 메디컬 칼리지로 돌아갔다. 그러나 한 가지 변한 것이 있었다. 의료 행위, 특히 수술에 예전처럼 흥미를 느낄 수 없었다. "피를 내고 통증을 일으키는 것에 대한 반감이 대단히 컸다. 수술 같은 것은 절대 할 수 없을 것 같았다."

과학자

1874년 8월, 와일리는 인디애나주 웨스트라피엣에 새로 생긴 퍼듀 대학교의 화학과 교수 자리를 제안받았다. 지금껏 거쳐온 그 어떤 자리보다 많은 월급이 보장됐다. 와일리는 이 제안을 수락했다.

퍼듀 대학교는 문을 연 지 얼마 안 돼, 이해 가을 학기에 학생을 40명가량만 받았다. 서른 살의 하비 와일리는 퍼듀 대학교 교수 6명 중 가장 어렸다. 와일리에게 주어진 역할은 미래의 농부와 기술자들을 훈련시키고, 인디애나주의 농업 발전에 기여할 수 있는 연구를 하는 것이었다. 와일리는 새로운 화학연구소를 설립해 흙, 물, 작물, 비료 등을 연구했다.

학문적 소양을 갈고닦는 데 언제나 열심이었던 와일리는, 1878년에 휴직하고 유럽으로 건너가 여러 병원을 방문하고 화학, 물리학, 병리학 강의를 들었다. 그 결과, 커리어의 방향을 바꾸기로 마음먹었다.

특히 독일에서 식품의 화학성분을 분석하는 장비를 접했다. 그곳 과학자들은 화학물질이 가축과 인간의 건강에 미치는 영향을 조사하기 시작한 참이었는데, 와일리는 이 연구에 강한 흥미를 느꼈다. 그리고 와일리는 몰랐지만, 이때 그가 본 연구는 30년 뒤 비타민의 발견으로 이어졌다.

몇 달 뒤 퍼듀 대학교로 돌아온 와일리는 식품, 특히 당류 연구에 연구소의 역량을 집중했다. 당시 식품 회사들은 자연 발생적인 당 대신 옥수수 녹말로 만든 저렴한 당을 식품에 첨가해서 팔고 있었다. 화학자인 와일리는 옥수수 녹말과 물, 산을 결합해 달콤한 글루코스 시럽을 만드는 방법을 알았다.

식품 회사들은 싸구려 글루코스 시럽을 꿀이나 메이플 시럽이라고 속여 팔아 상당한 이득을 챙겼다. 글루코스는 먹어도 안전한 성분이지만, 꿀이나 메이플 시럽이라고 속여 파는 것은 소비자를 우롱하고 양봉업자와 메이플 시럽 생산자의 시장을 빼앗는 행위였다. 식품에 포함된 글루코스에 대한 조사를 마친 와일리는 보고서를 작성해 인디애나주 보건국에 제출하고 과학 잡지에도 실었다.

와일리는 식품에 몰래 첨가된 다른 화학물질도 발견했는데, 인체에 해로운 것들도 있었다. "대중은 불량하고 위험한 물질을 섭취하지 않도록 보호받아야 한다. 그러려면 엄청난 변화가 필요할 것이다."

와일리는 이 변화를 위해 헌신하기로 다짐했다. 그리고 곧 그 기회를 얻었다.

화학 성분 대잔치

독성 물질이 섞인 조악한 식품은 많은 경우 소비자의 건강을
해칠 뿐만 아니라 빈번히 죽음에 이르게 했다.
_알렉스 J. 웨더번Alex. J. Wedderburn

퍼듀 대학교의 다른 교수들과 달리 와일리는 어리고, 미혼이었으며, 학생들과 스스럼없이 지냈다. 와일리는 자신이 교수직에 어울리지 않는다는 것을 깨달았다. 그리고 1880년 어느 날 대학 행정처도 자신과 같은 생각임을 알게 됐다.

마침내 와일리는 이사회 회의에 소환됐다. 그가 도착하자 이사 한 사람이 말했다. "저희는 하비 와일리 교수의 훌륭한 가르침에 매우 탄복하는 바입니다."

이에 와일리는 이사회가 자신의 효과적인 교수법에 대한 보상으로 급여를 인상해주려나 기대했다.

그러나 이어지는 말은 그런 기대와 달랐다. "하지만 와일리 교수께서 보여주는 행동에 비탄을 감출 수가 없군요." 말인즉슨 와일리가 수업 시간 외에 학생들과 너무 많은 시간을 보낸다는 것이었다. 그것도 채신없이 야구를 하면서.

"게다가 저희는 최근 와일리 교수께서 이보다 더욱 중대하게 관례를 위배하는

모습을 목격했습니다.” 이사의 말이 계속됐다. “와일리 교수께서는 자전거를 구입하셨지요. (…) 이사회에서, 그리고 당사자이신 와일리 교수님 앞에서 이런 말씀을 드리게 돼 몹시 괴롭습니다만, 제 직분을 다하기 위해서는 어쩔 수 없다는 점을 모두 양해해주시기 바랍니다.”

해도해도 너무했다! 그러니까 결국 앞바퀴는 커다랗고 뒷바퀴는 자그마한 와일리의 자전거가 문제라는 것이었다.

“제 행동으로 많은 분께 심려를 끼쳐드려 정말 죄송합니다.” 와일리는 우선 사과했다. “언급하신 모든 부분에서 더 이상 여러분께 당혹스러움을 안겨드리고 싶지 않습니다.” 와일리는 그 자리에서 즉시 사직서를 제출했다.

하지만 이사회는 받아들이지 않았다. 어쨌든 와일리는 굉장히 유능한 교수였기 때문이다. 와일리는 하는 수 없이 머물렀지만, 퍼듀 대학교의 엄격한 방침에 짓눌려 늘 긴장한 채 지내야 했다.

워싱턴으로

와일리가 워싱턴으로 옮긴 직후에 찍은 사진. 와일리는 키 183cm에 몸무게 90kg으로, 그 당시 다른 사람들에 비해 덩치가 컸다.

와일리의 당류 연구는 많은 화학자의 관심을 사로잡았다. 그중에는 워싱턴의 화학자들도 있었다. 1883년에 와일리는 미국 농무부U.S. Department of Agriculture, USDA로부터 화학과 일자리를 제안받았다.

퍼듀 대학교에서 거북한 처지에 있던 터라, 와일리는 주저하지 않았다. 그해 4월, 와일리는 농무부 화학과 수석 화학자로서 취임 선서를 했다.

농무부 화학과는 우수한 작물 품종과 비료, 농사법을 개발하고 보급하기 위해 노력했다. 또 농민들이 글루코스 시럽을 천연 설탕이나 시럽으로 알고 구매하는 등 식품 사기를 당하지 않도록 보호하는 일을 도왔다.

와일리는 미국 시골, 농경 지역에서 나고 자란 화학과 의학 분야 전문가여서, 과학이 어떤 식으로 소비자를 속이는 데 이용되는지 잘 알 수밖에 없었다.

피클로 인한 죽음

우리가 먹고 마시는 음식에 장난을 쳐서 돈을 버는 부도덕한 사람들은 수 세기 동안 있어왔다. 이들은 싸구려 식재료를 쓰거나 상한 음식을 신선한 음식으로 둔갑시켜 팔았다. 이러한 속임수를 통해 제조되고 유통되는 음식을 부정·불량adulteration식품이라고 한다.

1820년에 화학자 프레드릭 어큠Fredrick Accum(1769~1838)이 런던에서 출간한 책을 보면, 당시 부정직한 상인들이 어떤 수법으로 불량한 음식, 음료, 의약품을 만들어 팔았는지 상세히 기술돼 있다.

이 책에 따르면 값싼 백포도주에는 투명하고 품질이 좋아 보이도록 납이 첨가됐다. 그때도 의사들은 오랜 시간에 걸쳐 납이 체내에 축적되면 사망에 이를 수 있다는 사실을 잘 알고 있었는데 말이다.

오이를 식초와 설탕, 소금 등에 절인 피클은 더욱 먹음직스러워 보이도록 구리 팬에 담갔다가 팔았다. 그러면 구리 성분이 피클에 스며들어 더욱 초록빛을 띠었기 때문이다. 그 정도가 지나쳐 복통과 구토를 일으키는 것은 예사였고, 심하면 죽음에 이르기도 했다.

제빵사들은 밀가루 대신 저렴한 콩과 완두콩 가루, 그리고 표백을 위해 분필 가루를 넣어 빵을 만들었다. 어떤 제빵사들은 톱밥을 섞기도 했다.

19세기 후반에 부정·불량식품을 만들어 파는 시장은 엄청난 호황을 누렸다. 미국에서도 마찬가지였다.

남북전쟁이 끝나고, 미국은 급속도로 변모하기 시작했다. 철도망이 아찔한 속

1884년 잡지 〈퍽〉에 실린 풍자만화. 한 화학자가 그럴듯한 불량식품을 만들기 위해 실험하고 있다. 와일리는 농무부 화학과를 맡으면서 기만적이고 위험한 식품 문제에 대한 인식이 커졌다.

도로 미국 전역으로 퍼져나감에 따라 더 많은 도시와 도시가 연결되고 사람들의 이동이 활발해졌다. 증기선도 점점 더 빨라져 바다를 건너는 것이 이전보다 수월해지자, 더욱 많은 사람이 미국으로 건너왔다. 유럽에서 온 이민자들로 도시가 가득 찼다. 미국인 대다수가 시골 지역에 살고 있었음에도 도시 인구는 빠르게 증가했다.

보통 사람들의 일상생활도 바뀌었다. 와일리가 어릴 때는 대다수 가정이 먹거리를 직접 만들어 먹었다. 특정 식재료가 필요할 땐, 이웃을 찾아가서 사왔다. 작은 지역사회에서 누군가 질이 떨어지는 음식을 팔면 금세 소문이 퍼졌고, 사람들은 그 집에서 다시는 사려고 하지 않았다.

그러나 1870년대에는 이전과 비교할 수 없이 많은 사람이 공장에서 일하며 도시에서 생계를 꾸리기 시작했다. 이들은 더 이상 농작물을 기르거나 이웃집에서 사지 않았다. 대신, 가게에 진열돼 있는 과일, 채소, 육류 통조림을 샀다. 그 식품들이 어디에서 왔고, 누가 만들었는지 알지 못한 채 말이다.

통조림으로 만들자!

이제 식품 배달이 하나의 커다란 산업이 되었다. 식품 제조업체들은 철도를 이용해 수백 킬로미터 떨어진 곳까지 제품을 실어나르며, 전국 곳곳의 슈퍼마켓에 식품을 공급했다. 먼 지역까지 식품을 운송하려면 시간이 걸렸다. 따라서 고객이 받기 전에 상하지 않도록 보존할 방법이 필요했다. 낮은 온도에서는 음식이 상하지 않거나 상하는 속도가 느려지지만 냉장고가 이제 겨우 개발되기 시작한 터라서 식품을 운송하는 데 널리 활용할 수준이 아니었다.

그 해결책으로 나온 것이 통조림이었다. 사람들은 통조림 음식을 반겼다. 조리 과정이 짧고, 신선하지는 않지만 빨리 차려 먹을 수 있었기 때문이다. 제철이 아닌 과

1885년, 와일리(왼쪽에서 네 번째)가 다른 화학자 및 연구실 조수들과 화학과 건물 밖에서 쉬던 중에 찍은 사진. 몇 명 안 되는 화학과 직원들은 농무부 건물 지하 실험실에서 식량과 농업을 연구했다.

일과 채소라도 통조림에 담긴 것은 언제든지 싼 가격으로 팔렸다.

그런데 문제가 있었다. 직접 기른 재료로 만든 음식과 달리, 캔에 든 음식은 농장에서부터 가공 공장을 거치는 동안 수많은 사람이 더러운 손으로 만져 캔에 담길 때 이미 신선하지 않거나 깨끗하지 않은 경우가 많았다.

일반적으로 음식을 캔이나 병에 담는 과정에서 열을 가해 박테리아를 박멸하는데, 그러지 않으면 식탁에 닿기 전에 박테리아가 엄청나게 증식한다. 용기 안의 음식은 부패하고, 그 음식을 먹은 사람은 병에 걸릴 수 있다.

부패한 음식은 냄새와 맛이 고약한데, 이것을 경고로 느낀 사람들은 그 음식을 삼키지 않는다…. 하지만 이런 경고를 감지할 수 없다면? 식품 제조업체들은 다른 물질을 첨가해 썩은 냄새와 맛을 가렸다. 예를 들어, 상한 옥수수의 신맛을 설탕으로 가리는 식이었다.

19세기 후반에는 미생물의 성장을 억제하고 부패를 늦추는 새로운 화학물질이 개발됐다. 통조림 제조업체와 식품 제조업체들은 앞다투어 이 보존료를 자신들의 제품에 집어넣었다. 이 화학물질이 인체에 어떤 영향을 끼치는지, 특히 장기간에 걸쳐 많은 양을 섭취하면 어떤 결과를 초래하는지 제대로 아는 사람은 아무도 없었다.

순무, 파라핀, 목탄

와일리가 1883년 농무부에 부임했을 때, 화학과는 이미 기만적이고 위험한 식품을 조사하고 있었다. 와일리는 이 연구를 확장시켰다. 화학과 소속 화학자들은 음식과 음료에 진짜로 들어 있는 내용물을 알아내 폭로하는 탐정이 되었다.

통조림 제조업체가 식품의 부패를 숨기거나 보존 기간을 연장하기 위해 어떤 물질을 첨가하지 않나? 식품 제조업체는 글루코스 같은 싼 원료를 쓰고는 자연 당을 썼다고 속이지 않나? 현미경 아래에서는 세포의 차이가 뚜렷하게 보이기 때문에, 커피

광 대신 넣은 땅콩이나 곰팡이로 오염된 부위를 쉽게 포착할 수 있었다.

화학과는 거의 모든 종류의 식품을 과학적으로 테스트한 뒤, 그 식품을 제조하는 업체 중 적어도 한 곳은 부적절한 합성 첨가물을 집어넣고 있다고 발표했다. 또 질에 비해 터무니없이 비싸거나 소비자의 건강을 해치는 제품 목록을 공개했다. 두 가지 모두에 해당하는 제품이 상당수였다. 와일리는 슈퍼마켓에 진열된 식품과 음료 중 15%가량은 정상적인 제품이 아니라고 추정했다.

식물성 기름, 쇠고기 지방, 라드(돼지고기 지방을 정제한 것_옮긴이), 노란색 색소로 만든 올레오마가린이 진짜 버터로 둔갑해서 팔렸다. 우유로 버터를 만들어 파는 낙농업 종사자들은 시장에서 밀려나고 말았다.

가게에서 팔리는 서양고추냉이는 알고 보니 그보다 싼 순무였다.

소시지는 상한 고기를 갈아서 만든 것으로, 상한 고기라는 사실을 들키지 않도록 색소로 색을 입히고 향신료로 냄새를 없앴다.

쌀 생산 회사들은 쌀이 해충 피해를 입지 않고 더 하얗게 보이도록 쌀알에 글루코스, 탤크, 파라핀을 첨가했다. 탤크는 페인트와 파우더를 만드는 데 들어가는 광

1890년, 와일리와 화학과 직원들은 농무부 건너편 벽돌 건물로 이전했다. 자갈돌에 전차용 선로가 박혀 있다.

1893년, '아머스 시카고Armour's Chicago' 육류가공 공장 노동자들이 쇠고기의 지방 덩어리를 압착해 기름을 추출하는 모습. 이 기름을 원료로 만든 올레오마가린은 버터 대체식품으로 팔렸다. 노란색 색소를 첨가해 버터처럼 보이게 만들어 소비자를 속여 팔기도 했다.

물이고, 파라핀은 양초의 원료다. 두 가지 모두 우리 몸이 소화할 수 없는 물질이다.

사탕류에는 무게를 늘리기 위해 대리석 가루를 넣었다. 무게 500g의 달콤한 케이크를 구매하는 소비자는 사실 돈을 내고 돌가루도 함께 사는 셈이었다.

와일리와 화학과 직원들이 후추 샘플 성분을 분석했더니 주로 옥수숫가루, 크래커 가루, 목탄 가루가 들어 있고, 진짜 후추는 극소량뿐이었다.

한 직원이 검사한 오렌지 주스는 감미료를 푼 물에 구연산과 오렌지 추출물을 더해 향을 낸 것이었다. 이 오렌지 주스 제조업자가 책정한 소비자 가격은 원룟값의 15배에 달했다.

와일리 팀의 한 과학자가 현미경으로 식품 샘플의 구성 성분을 분석하는 모습. 뒤에 있는 장비들을 이용하면 엄청나게 확대된 사진을 얻을 수 있었다.

독성 색소

소비자들이 속아서 서양고추냉이 대신 순무를 사 먹더라도 건강에 피해를 입지는 않는다. 그러나 다른 부정·불량식품에는 인체에 손상을 가할 수 있는 물질이 첨가돼 있었다.

와일리는 화학 방부제가 의심스러웠다. 소금, 설탕, 향신료 같은 전통 보존료들은 인체에 무해했다. 게다가 분명한 맛을 지니고 있어, 음식을 보존하기 위해 첨가하면 그 사실을 사람들이 알 수 있었다. 이와 달리 새롭게 등장한 화학 첨가물들은 극소량 들어갈 경우 맛도 냄새도 풍기지 않았다. 사람들은 이러한 화학 첨가물이 자신의 입에 들어오는 줄도 몰랐다. 와일리는 이 첨가물들의 안전성을 믿을 수 없었다.

붕사와 붕산을 육류와 깨진 달걀에 뿌리면 박테리아 번식이 억제되고 썩은 내가 감춰졌다.

초석의 주성분인 질산칼륨은 육류 보존료로 쓰였나. 질산길륨을 넣으면 육류가 변색되지 않고 계속 붉은빛을 띠게 할 수 있었기 때문에, 실제보다 신선한 고기로 소비자들을 속일 수 있었다.

병에 든 케첩과 통조림 토마토가 너무 익어 부패하지 않도록 살리실산과 벤조산나트륨을 첨가했다.

와일리는 방부제로 흔히 쓰이는 포름알데히드는 먹거나 마시면 안 되는 위험한 물질이라고 생각했다. 심지어 우유에 넣으면 신맛이 나게 하는 박테리아를 파괴했다. 악취와 신맛 같은 경고가 없으면 소비자는 우유가 오래됐다는 사실을 깨닫기 어려웠다. 그렇다고 포름알데히드가 상한 우유의 유해한 박테리아를 모두 사멸시키는 것도 아니므로, 아무런 의심 없이 그 우유를 마시는 소비자는 병에 걸릴 수밖에 없었다.

퍼듀 대학교에 있을 때 와일리는 자전거 때문에 문제를 겪은 바 있어, 워싱턴에서는 증기자동차 '1900 모바일'을 몰았는데, 이번에도 문제가 생겼다. 바로 워싱턴에서 일어난 최초의 차 사고 중 한 건에 연루되었던 것이다. 어느 날 말이 끄는 배달용 마차를 몰던 마부가 한눈팔다 와일리의 자동차 옆면을 들이받았는데 말들과 마차는 멀쩡했다. 그러자 마부는 멈춰서 와일리가 부상당했는지 확인하지도 않은 채 쏜살같이 달아나버렸다. 와일리의 차는 심하게 망가졌지만, 다행히 와일리는 멍만 들었다.

화학 보존료 덕분에 식품 제조업체들은 통조림 제조 설비를 비위생적으로 관리하고 썩은 원료를 사용하면서 날로 번성했다. 와일리는 업체들이 신선한 원료를 사용하고 적절한 살균 시설을 갖춘다면, 식품을 제조하는 데 화학 보존료가 필요하지 않을 거라고 주장했다.

와일리는 식용 색소도 믿을 수 없었다. 화학적으로 합성해서 만든 식용 색소가 처음 등장한 것은 1856년이었다. 인공 색소는 파프리카의 붉은색처럼 식물에서 추출한 천연 색소보다 훨씬 싸 식품 제조업자들의 환영을 받았다. 석탄에서 얻는 것이어서 석탄 타르 색소라고 불렸다. 와일리는 이 색소가 "독성이 강하고 인체에 유해"하며 특히 어린이들에게 위험하다고 생각했다.

뇌와 신경계에 손상을 입히는 수은으로 만든 색소들도 버젓이 유통됐다. 화학과는 육류와 사탕류에 첨가된 붉은색 색소에 비소가 들어 있는 것을 확인했다. 어느 노란색 색소에는 납 성분이 포함돼 있었다. 이 색소를 넣은 케이크를 먹은 수십 명이 경련을 일으키거나 사망하는 일이 발생했다.

"인공 색소를 식품에 첨가하는 행위는 비난받아 마땅하다." 와일리가 말했다.

와일리는 부정·불량식품으로 가난한 사람들이 가장 큰 피해를 겪는 상황도 괴로웠다. 가난한 사람은 값싼 식품을 집어 들게 마련이고, 보통 그것들은 품질이 낮고 영양가가 떨어지며 몸에 해로웠다. "저렴한 물품을 구매할 수밖에 없는 가난한 사람들도 부유한 사람들과 마찬가지로 유해한 식품으로부터 보호받아야 한다." 와일리가 쓴 내용이다.

조치가 필요했다. 와일리의 아버지는 와일리에게 종종 이런 말을 했었다. "자신이 옳다는 확신이 들면, 그때는 행동에 나서야 한다." 와일리는 확신했다. 미국에는 불순물이 섞이지 않은 안전한 식품이 유통되도록 보장하는 법률이 필요했다.

여성들이 나서다

비슷한 생각을 하는 사람은 와일리뿐만이 아니었다. 유럽에서는 미국에서 생산된 일부 식품을 수입하지 않으려는 나라들도 생겨났다. 미국의 농가는 타격을 입을 수밖에 없었다.

1880~1890년대에 걸쳐 미국의 몇몇 주 의회는 농업과 시민들의 건강을 지키기 위해 식품 사기를 금하는 법안을 통과시켰다. 그런데 주마다 법률이 다른 것이 문제였다. 화학 보존료를 쓰지 않고 질 좋은 원료로 식품을 생산하는 업체들조차 각기 다

른 규정을 모두 준수하려니 어려울 수밖에 없었다. 모든 주에 적용되는 하나의 연방법이 절실했다.

여성들도 시중에 유통되는 식품의 변화를 날카롭게 알아차렸다. 급료를 받고 일하는 여성들도 있었지만(주로 미혼이었다), 아직 대다수 여성은 집에서 일하며 가정을 돌보고 식사를 준비했다. 이들은 슈퍼마켓에 진열된 음식들이 집에서 기르고 수확해 만드는 음식과 비교해 턱없이 형편없다는 것을 알았다.

몇몇 여성 단체에서 위험한 식품에 대한 우려의 목소리가 흘러나왔다. 이들은 물을 타고 불순물을 섞은 우유 때문에 아이들이 제대로 된 영양을 공급받지 못하고 병드는 현실에 분개했다. 실제로 많은 영유아가 불량 우유를 마시고 목숨을 잃었다. 정부 지도자들이 적절한 조치를 하지 못하고 방관하는 사이, 여성들이 움직이기 시작했다.

'여성클럽총연합General Federation of Women's Clubs, GFWC'은 회원들을 결집해 미국 의회가 순수식품법을 제정하도록 압력을 넣었다. 선출직 의원들에게 편지를 보내고, 투표권이 있는 가정 내 남성들을 설득했다.

'기독교여성절제연합Woman's Christian Temperance Union, WCTU'도 엉터리 의약품에 대한 규제를 포함한 순수식품법이 제

WCTU는 어린이와 성인을 대상으로 판매되는 건강 증진제에 함유된 알코올과 약품을 조심해야 한다고 말했다. '브라운의 아이언 비터스Brown's Iron Bitters'에는 코카인이 들어 있었다.

정돼야 한다는 데 한목소리를 냈다. WCTU는 많은 식품이 알코올 함유 사실을 제대로 표시하지 않아, 사람들이 자신도 모르게 상당량의 알코올을 섭취하고 있다고 봤다. 예를 들어, 복통에서 설사까지 우리를 괴롭히는 모든 증상을 치료해주는 강장제라며 팔리는 약 중에, 약초로 만들었다는 '호스테터스 비터스Hostetter's Bitters'에는 위스키, 진, 럼주처럼 독한 술에 버금가는 양의 알코올이 들어 있었다.

마침내 순수식품법 제정을 촉구하는 운동에 동참한 여성이 100만 명을 넘어섰다. 이들은 자신들의 뜻을 알리기 위해 토론회를 열고, 연사를 초청하고, 팸플릿을 배포했다. 교사, 의사, 간호사 등 전문 직종 여성들은 신문에 기사를 투고하고 대중 공개 강연을 펼쳤다. 내과 의사로 일하는 와일리의 누나 엘리자베스 와일리 코빗Elizabeth Wiley Corbett도 그중 하나였다.

순수식품법은 여성 단체 외에도 농작물과 과수를 재배하는 농민들, 식료품점을 운영하는 사람들, 부정·불량식품을 제조하지 않는 회사들의 지지를 받았다. 순수식품법 제정을 요구하는 목소리는 점점 더 커졌다.

의회 입장

이 목소리를 들은 하원과 상원 의원들이 1880년대가 되면서 수많은 법안을 의회에 제출하기 시작했다. 와일리는 해마다 이들 법안이 좌초되는 것을 목격했다. 상원이나 하원 전체 토론에 이르거나 표결에 부쳐지기는커녕, 대부분 위원회도 통과하지 못했다.

육류 가공업자, 통조림 제조업자, 음료 제조업자, 식품 제조업자 들이 의회 의원들을 설득해 이 법안들에 반대하도록 한 것이었다. 이들은 자신들이 생산하는 식품이 전적으로 안전하며, 화학 첨가물이 건강 문제를 일으키지 않는 경미한 양에 불과하다고 주장했다.

와일리는 의원들의 생각을 바꿔 법안 통과에 필요한 찬성표를 확보하기 위해서

1893년 6월, 농무부 화학과 사무실 책상에 앉아 있는 와일리. 그는 서류에 '화학과장'이라고 서명했다.

는 타협안이 필요하다는 점을 깨달았다. 일단 새로운 법이 최소한 식품 사기를 벌이는 제조업체들을 처벌하기를 바랐다. 또 보존료, 착색료, 착향료가 포함된 식품의 경우, 제조업체가 안전성을 증명하고, 식품에 부착하는 라벨에 첨가물을 정직하게 기재해야 한다고 생각했다. 와일리는 이렇게만 되면 "소비자들이 자신이 구하는 것, 기대하는 것, 지불한 돈에 합당한 것을 얻을 것"이라고 봤다.

순수식품법 제정을 위한 법안이 번번이 의회에서 표류했지만, 와일리는 낙담하지 않으려 애썼다. 그러다가 1897년에 윌리엄 매킨리William McKinley 대통령이 취임하고 제임스 윌슨James Wilson이 농무부 장관으로 임명됨에 따라, 와일리는 이전보다 낙관적으로 전망했다.

새로운 농무부 장관 윌슨은 와일리와 화학자들의 연구를 장려했다. 그에 따라 화학과의 책무가 확대되고 더 많은 연구실이 설치됐다. 1901년에 화학국Bureau of Chemistry으로 공식 개편되며, 와일리는 화학국 국장이 되었다.

농무부의 지원이 따르는 가운데, 와일리도 자신의 직위를 활용해 순수식품법 법

미국 국회의사당. 미국 의회 의원들이 모이는 곳이다.

미국에서 법이 만들어지는 과정

★ 하원 의원이나 상원 의원이 법안을 제출한다.

★ 법안이 제출된 의회(하원 또는 상원)의 위원회가 법안을 검토한다. 위원회는 청문회를 열고 전문가를 초청해 자문을 구한다. 그런 다음 토론을 거쳐 표결 절차를 밟는다.

★ 위원회에서 가결된 법안은 하원 또는 상원 본회의에서 토론 및 표결에 부친다.

★ 하원에서 통과된 법안은 상원으로, 상원에서 통과된 법안은 하원으로 보내고, 또다시 표결에 부친다.

★ 법안이 양원을 모두 통과하면 대통령에게 제출한다.

★ 대통령이 법안을 승인하고 서명하면 드디어 법이 발효된다.

인터넷 사이트 Congress.gov/legislative-process에 접속하면 미국 의회에서 제작한 영상을 통해 법이 만들어지는 과정을 더욱 자세히 알 수 있다.

백악관.
미국 대통령 관저다.

농무부 장관, 제임스 윌슨(1835~1920)

열여섯 살 때 농부이던 부모님을 따라 스코틀랜드에서 미국으로 이주했다. 이후 아이오와주에 터를 잡고 농장을 사들인 다음 공화당원으로서 열심히 활동을 시작한다. 1872년 연방 하원 의원으로 선출된 뒤, 세 차례 연임에 성공한다. 아이오와 농업 칼리지(현 아이오와 주립대학교)에서 농업학과 교수로 재직하던 중, 1897년 윌리엄 매킨리 대통령의 부름으로 농무부 장관에 임명된다. 매킨리 대통령에서 우드로 윌슨Woodrow Wilson 대통령까지 네 명의 대통령 아래에서 농무부 장관직을 수행한다. 이렇게 오랫동안 장관직을 수행한 사람은 없었다.

안이 통과될 수 있도록 더욱 강하게 밀어붙였다. 연방 의회 의원들과 친분을 쌓는 한편, 그들이 동료 의원들을 설득해 더욱 많은 찬성표를 이끌어낼 수 있도록 연구실에서의 연구를 바탕으로 과학적 증거를 모았다. 의회 위원회는 과학 전문가인 와일리의 증언을 듣기 위해 그를 자주 초청했다.

와일리는 워싱턴에서의 싸움에 만족하지 않고, 전국 방방곡곡을 돌며 교회, 과학자, 대학, 농민 들을 상대로 공개 강연을 펼쳤다.

대학에서 학회에 참여하며 토론 경험을 쌓고 한동안 교수로 재직했음에도, 서른 살이 될 때까지 와일리는 "대중 앞에서 연설하는 데 큰 두려움"이 있었다. 그러나 대중을 마주할수록 점점 더 수월해졌다. 시간이 흐르자 와일리는 미리 써둔 자료를 보지 않고도 능숙하게 연설을 할 수 있게 됐다. 와일리는 펜실베이니아주 스크랜턴에서 연설 직전에 만난 한 신문 편집인에게 이렇게 말하기도 했다. "식후 연설은 절대 미리 써놓지 않아요. 식사 자리에서 벌어지는 상황에 맞춰 그때그때 할 말을 짜기 때문이죠."

여성 단체 앞에서 순수식품법에 관한 연설을 할 때는 연미복을 입고 정장용 모자 실크해트를 쓰곤 했다. 격식을 갖춤으로써 그들 단체가 얼마나 중요한지 보여주기 위해서였다. 뉴저지주에서 이런 연설을 하던 중 유능하고 정력적인 동맹자도 얻었다.

1900년경, 와일리가 직원들과 함께 화학과 건물 앞 계단에서 찍은 사진. 여성 단체 앞에서 오찬 연설을 하기로 예정돼 있으면, 연미복과 실크해트를 착용한 채 근무할 때가 많았다. 와일리는 재미있고 설득력 있는 연사로 알려져 있었다.

"급작스러운 자각"

앨리스 래키Alice Lakey는 뉴저지주 크랜퍼드에서 아버지를 돌보며 지내던 1890년대 후반, 순수식품법 제정 운동에 처음으로 관심을 갖게 됐다. 1903년 당시 40대 중반이던 래키는 지역 단체를 이끌고 있었다. 그해 11월 크랜퍼드에서 와일리의 연설을 접한 래키는 식품 안전 문제의 실상에 격분해 와일리를 찾아가 전국적 운동에 동참하기로 했다.

래키는 '뉴저지주 여성클럽연합New Jersey State Federation of Women's Clubs'과 여성클럽총연합을 비롯해 여러 여성 단체에 관여하고 있었다. 래키는 '전국소비자연맹National Consumers' League' 회원으로서, 부정·불량식품을 조사할 위원회를 만들었다.

앨리스 래키(1857~1935)는 건강 악화로 콘서트 가수의 꿈을 접고, 이후 보컬 레슨 강사로 일했다. 순수식품법 제정 운동 지도자였던 래키는 여성들을 결집하는 데 탁월한 능력이 있었다. 대다수 주가 여성의 투표권을 인정하지 않던 때여서, 이들은 순수식품법을 통과시키기 위해 의원들을 상대로 활발한 로비 활동을 펼쳤다.

또 순수식품법 제정 운동에 '전국어머니회의National Congress of Mothers'를 비롯한 여성 단체들을 끌어들였다.

사람들의 인식을 높이기 위해 래키는 이 단체들의 소식지에 기사를 싣기도 했다. 또 와일리가 보내주는 정보를 바탕으로 전국 각지를 돌며 연설을 했다.

뉴욕에서 펼친 한 연설에서는 커피에 진흙과 "빵집에서 나오는 온갖 부스러기"가 섞여 있다는 사실을 밝혔다. 그리고 충격을 받은 여성들에게 "포도잼은 사과 폐기물, 글루코스, 석탄 타르 색소로 만들어진다"고 알렸다. 또 어느 보스턴 제빵사는 "악취를 없애기 위해 포름알데히드를 넣은 상한 달걀을 하루에 자그마치 450kg이나 이용해 빵을 만든다"는 사실을 폭로했다.

래키는 순수식품법 제정 운동이 성공할 거라고 자신했다. 래키에 따르면 "여성들은 자신이 지금껏 가족에게 제공해온 음식이 인간의 품위 기준에 미달한다는 불쾌한 사실을 급작스럽게 자각하게 됐다".

그러나 와일리의 연설과 여성 단체를 비롯한 각종 단체의 활발한 로비 활동도 법안을 통과시키기에는 역부족이었다. 순수식품법 반대론자들의 목소리가 더 크고 더 설득력 있었다. 연방 의회는 식품법 관련 법안이 올라오는 족족 부결시켰다.

화학국 연구실에서 일하는 한 연구원.

와일리는 대중의 더 큰 지지가 없으면 의회가 결코 순수식품법을 통과시키지 않을 거라고 내다봤다. 대부분의 미국인이 자기가 먹는 음식의 위험성에 대해 여전히 무지한 상황이었다. 그들의 관심을 끌 방법을 찾아야 했다.

와일리는 주로 관리자로서 시간을 보내야 했지만,
실험실에 들르는 것을 좋아했다.

CHAPTER 4

독약 구조대

이 실험으로 건강에 해를 입을 수도 있다고 알렸다.
_하비 와일리

와일리는 거의 20년 가까이 식품 보존료에 대해 비판해왔다. 와일리뿐 아니라 다른 과학자들도 식품 보존료가 인체의 정상적인 소화 기능을 저해할 것으로 짐작했다. 보존료는 식품의 분해 속도를 늦추는 역할을 하므로, 보존료가 사람의 몸속에서도 식품이 분해되는 속도를 늦춰줄 거라고 합리적으로 추론할 수 있었기 때문이다. 그렇게 되면 영양분이 흡수되지 않고 건강에 손상을 입게 된다.

그런데 반대 의견을 주장하는 사람들도 있었다. 오히려 보존료가 소화 작용을 촉진한다는 것이었다.

와일리는 인체가 화학물질에 어떻게 반응하는지 알아보는 조사가 필요하다고 절감했다.

실험이 시작되기까지

와일리는 실험실에서 자신의 가설을 실험해보는 데 익숙했다. "나는 실험을 할 수 있을 때는 반드시 실험을 통해 결론에 도달한다." 와일리의 말이다. 와일리는 1902년에 의회를 설득해 화학국 연구자금을 조달했다.

와일리가 답을 찾고자 한 의문점은 이것이었다. 보존료, 착색료, 그 밖의 식품 첨가물들은 건강에 영향을 미치는가? 영향을 미친다면, 어느 정도만 첨가해야 안전한가?

와일리는 붕사, 그리고 붕사를 정제한 형태인 붕산부터 조사하기 시작했다. 식품 제조업체들은 미생물의 번식을 억제하기 위해 육류, 버터, 우유 등에 이 두 가지 물질을 보존료로 넣었다. 부정직한 기업들은 오래된 식품을 신선한 식품으로 둔갑시키기 위해 붕사와 붕산을 쓰기도 했다.

독일은 두 성인 남성을 대상으로 한 초기 실험 결과에 근거해 붕사가 포함된 미국 식품의 수입을 금하고 있었다. 붕사를 다량 섭취한 두 사람이 위장 자극과 설사에 시달렸던 것이다. 와일리의 실험에서 붕사의 위험성이 발견되지 않으면 독일의 실험에 반하는 결과가 될 터였다. 그러나 위험한 것으로 밝혀지면 붕사의 위험성을 식품 제조업체들이 수긍하도록 만들고, 나아가 대중과 의회 의원들의 지지를 모아 순수식품법 제정에 한 발짝 다가가는 계기가 될 수 있었다.

오직 용감한 사람만

와일리는 사람의 소화기관과 동물의 소화기관이 서로 다르므로, 실험용 동물을 대상으로 실험해서는 유의미한 결과를 얻을 수 없다고 봤다. 그래서 실험 대상이 되어줄 사람, 특히 신체가 건강하고 강인한 성인 남성이 있어야 한다고 생각했다. 와일리는 화학물질의 혹시 모르는 부작용에 젊은 남성의 신체가 더 잘 견딜 거라고 추측했던 것이다. 이 남성들이 보존료 때문에 병을 앓는다면 "자연히 그들보다 약한 어린이와 노인은 더 큰 피해를 입을 수 있다는 결론으로 이어진다".

와일리는 농부무 내에서 젊은 남성 지원자를 모집했다. "시중에서 일상적으로 유통되는 보존료와 착색료가 첨가된 식품"을 포함한 영양식을 제공받을 거라고 공고했다. 식사가 준비되고 제공되는 곳은 화학국 건물 지하이며, 대신 모든 식사는 무료였다. 빠듯한 예산으로 생활하는 젊은 남성에게는 나쁘지 않은 제안이었다.

지원자는 실험에 참여해도 자신의 집에 거주하며 일을 지속할 수 있었다. 농무부 소속 직원이 아닌 지원자에게는 매달 5달러를 지급함으로써 법적으로 농무부에 고용된 형태를 갖췄다. 지원자 중에는 의과대학 학생이나 정부 내 다른 부서 직원도 있었기 때문이다.

제출된 지원서를 보고 와일리는 전년도에 아팠거나 질병 기록이 없는 사람을 선별했다. 또 술과 담배를 하지 않는 사람을 찾았으나 그런 사람의 수가 충분하지 않아,

와일리와 실험 대상으로
최초 선발된 12명 중 10명이 함께 찍은 사진.

담배를 피우는 사람도 실험 대상에 포함하고, 대신 담배를 피웠을 때는 보고하도록 했다. 술을 마시는 사람은 철저히 제외했다. 술에는 칼로리가 있어 실험을 복잡하게 만들 가능성이 높았기 때문이다.

이렇게 해서 12명이 실험 대상으로 선발됐고, 대부분 20대였다. 이후 와일리는 의회 위원회에서 이렇게 진술했다. "물론 이들에게 독극물의 위험은 없지만, 건강에 피해를 입을 수 있다는 사실을 알렸습니다."

실험 대상자들은 최소 6개월 동안 실험에 참여해야 했으며, 실험을 통해 섭취하는 식품 때문에 병에 걸리더라도 정부의 책임을 묻지 않는다는 데 합의했다.

참고 삼키다

12명의 실험 대상자를 확보한 와일리 팀은 사전정보를 수집하기 시작했다. 화학 첨가물이 일으킬 것으로 예상되는 영향 중 하나는 체중 감소였다. 따라서 우선 각 대상자가 정상 체중을 유지하는 데 필요한 음식의 양을 파악했다.

실험이 시작되고 첫 10일간은 모든 사람에게 보존료가 포함되지 않은 건강한 식단이 제공됐다. 각 참가자는 매일 체중을 재고, 체중이 일정하게 유지되도록 음식의 양을 조절했다.

붕사 실험이 시작된 것은 1902년 12월이었다. 전용 요리사가 삼시 세끼 음식을 준비했다. 메뉴는 다양한 육류, 과일, 채소, 빵으로 구성됐으며, 7일 주기로 반복됐다. 그리고 웨이터가 흰 식탁보를 덮은 오크 테이블에 음식을 차렸다. 와일리는 이곳을 '하이지닉 테이블스Hygienic Tables'라고 이름 붙였다.

참가자 12명은 모두 동일한 식사를 했다. 그리고 자신에게 주어진 음식은 "원하든 원치 않든" 모두 먹어야 했다. 정해진 양을 모두 섭취하지 않으면 그 사람의 체중 변화가 화학 첨가물 때문인지, 아니면 섭취량의 변화 때문인지 판별하기 어려웠다.

와일리는 화학 첨가물을 식사에 포함되는 버터에 조금, 그러다 우유와 커피에도

윌리엄 카터는 1902년에 '하이지닉 테이블스'의 웨이터로 참여하기 시작해, 나중에는 대부분의 실험에서 요리를 담당했다.

조금씩 넣기 시작했다. 붕사와 붕산은 아무런 맛이 안 나는데도 사람들은 곧바로 어느 음식에 첨가물이 감춰져 있는지 알아차렸다. 그러곤 그 음식을 먹기 주저하는 바람에, 실험에 어려움이 닥쳤다.

와일리가 짜낸 방책은 시험 대상인 화학물질을 참가자들이 정확히 측정된 양만큼 섭취할 수 있도록 캡슐에 담아 식사와 함께 주는 것이었다. 음식을 먹을 때 함께 삼키면 위장에서 섞일 것이고, 그러면 화학물질을 캡슐에 따로 담은 점이 실험에 영향을 미치지는 않을 거라고 판단했다.

처음에는 참가자들이 시중에서 파는 버터와 육류에 첨가된 것과 똑같은 양의 보존료를 섭취하도록 했다. 그러다 각 참가자가 어느 정도 양까지 견딜 수 있는지 알아보기 위해 양을 점차 늘렸다.

측정과 기록

이 실험을 담당한 화학국 화학자들은 참가자들이 먹고 마시는 모든 것의 양과 무게를 측정했다. 음식에 포함된 수분, 지방, 칼로리와 각종 화학물질을 분석했다.

참가자들로서도 까다로운 일이었다. 단순히 먹기만 하면 되는 것이 아니라 매 끼니 식사 전후에 체중·맥박 수·체온을 재고, 자신이 섭취한 모든 것을 기록해야 했다. 하이지닉 테이블스에서 제공되는 음식만 먹을 수 있는 데다, 끼니 사이 목이 말라서 마시는 물의 양까지 측정해서 보고해야 했다.

하지만 최악은 따로 있었다. 화학물질이 소화 기능을 방해하는지, 그리고 체내에서 빠져나가는지 알아내려면 참가자들의 배설물을 측정 및 분석할 필요가 있었다. 그래서 참가자들은 소변을 병에, 대변을 캔에 모았다. 그리고 날마다 와일리 팀 직원에게 내밀어야 했다.

미국 공중보건국U.S. Public Health Service 소속 의사가 정기적으로 찾아와 보존료로

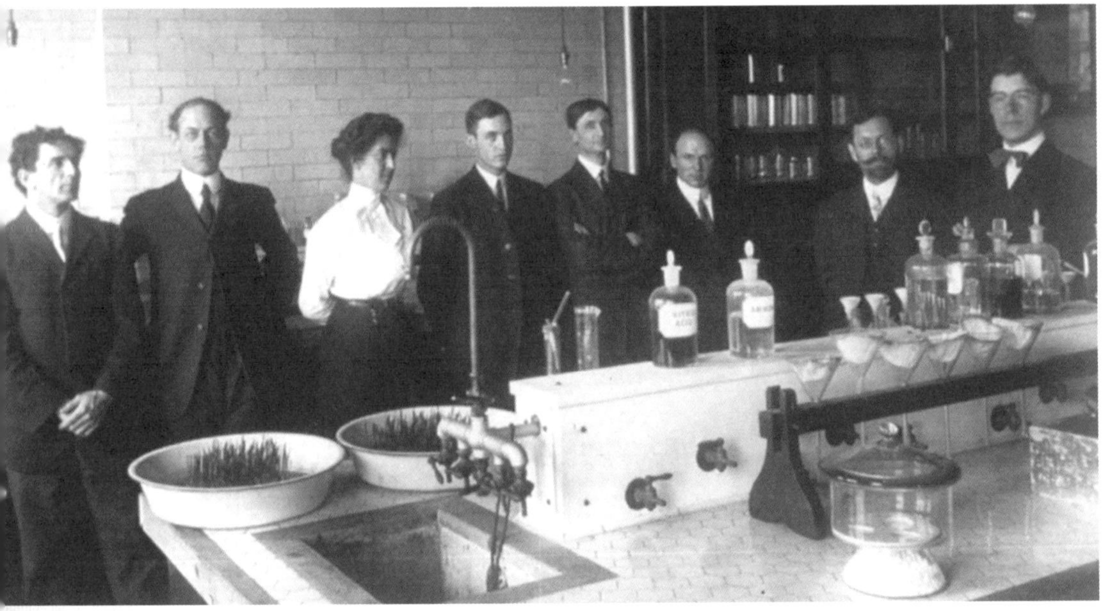

화학국 실험실에서 찍은 사진. 화학자들은 실험 대상자들이 먹은 음식과 배설물을 분석했다.

인한 증상이 생기지 않았는지 검사했다. 실험을 계속하기에 몸이 너무 좋지 않은 사람에게는 화학물질을 뺀 동일 식단이 제공됐다. 와일리의 목표는 보존료가 건강에 얼마나 큰 지장을 초래하는지 조사하는 것이지, 참가자들의 신체에 부담을 주거나 회복할 수 없는 손상을 입히는 것이 아니었기 때문이다.

와일리는 실험에서 제공되는 식단이 처음과 달라진 부분은 화학물질이 더해졌다는 것뿐이므로, 참가자에게서 어떠한 신체적 반응이 나타난다면 그것은 화학물질 때문으로 봐야 한다고 가정했다. 또 건강이 악화된 사람이 화학물질을 뺀 식단을 섭취한 뒤 몸이 회복된다면, 화학물질이 건강 이상을 일으킨 원인이라는 사실을 드러내는 추가적인 증거가 될 거라고 여겼다.

화학국 국장으로서 여러 가지 할 일이 많았지만, 와일리는 이 실험을 항상 주의 깊게 살폈다. 매일 아침 일찍 집에서 화학국 지하 부엌까지 3km를 걸어왔다. 7시쯤 도착해 참가자들이 먹을 음식을 분량별로 나누는 작업을 도왔다. 그런 다음 참가

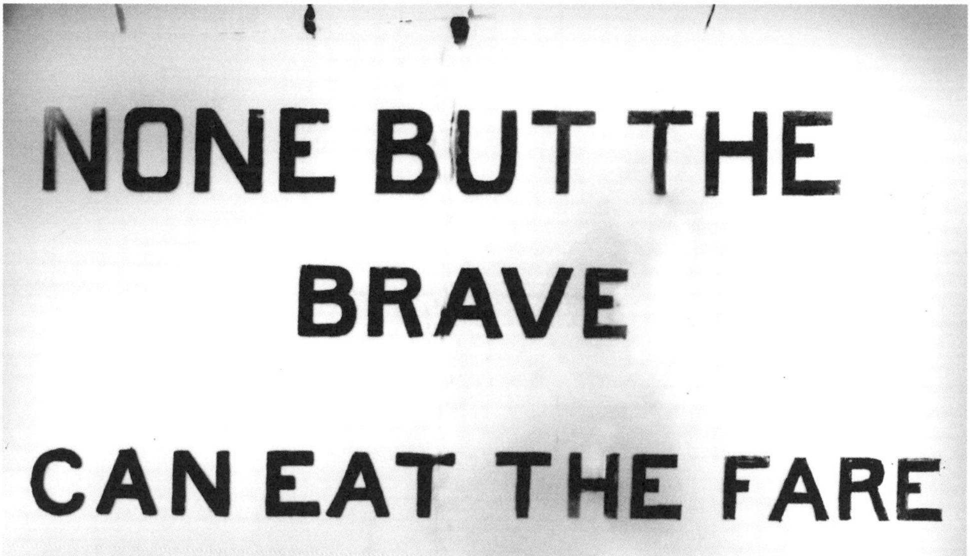

자신들의 새로운 식단을 어떻게 받아들여야 할지 쉽사리 판단하지 못하던 지원자들은 마침내 이 슬로건을 채택했다. '오직 용감한 사람만 이 음식을 먹을 수 있다.'

와일리(왼쪽에서 세 번째)는 실험 참가자들과 함께 식사하는 것을 좋아했다. 와일리 앞에 있는 것은 제공된 빵의 무게를 재는 저울이다. 음식은 웨이터(서 있는 사람)가 부엌에서 가져다 날랐다.

자들과 함께 아침을 먹기 위해 식탁에 앉았다. 점심과 저녁도 하이지닉 테이블스에서 먹을 때가 많았는데, 물론 붕사와 붕산까지 먹는 것은 아니었다. 와일리가 화학국의 자리를 비울 때는 와일리의 조수인 W. D. 비글로W. D. Bigelow가 실험을 감독했다.

유명 하숙집이 되다

와일리의 실험에 대한 정보가 새어나갔고, 일간 신문 〈워싱턴 포스트Washington Post〉의 젊은 기자 조지 로스웰 브라운George Rothwell Brown이 무슨 이야기인지 캐려고 달려들었다. 실험이 시작되고 처음 몇 달 동안은 하루가 멀다 하고 하이지닉 테이블스를 드나들며 실험 진행 상황을 자세히 기사로 썼다.

브라운은 기사에서 참가자들을 '하숙인'이라 불렀고, 심지어 와일리가 참가자들의 신원을 비밀에 부쳤음에도 몇 명의 이름까지 공개했다. 십중팔구 참가자들과 직접 대화를 나누며 알아낸 것이었다.

▸인간 시험관
정부의 화학자 하비 와일리의 계속되는 실험.

HUMAN TEST-TUBES.

WILEY, GOVERNMENT CHEMIST, CONTINUES HIS WORK.

DEEP, DARK MYSTERY ABOUT POISON EATERS

Watchman Guards Rooms Where Borax Reigns.

▴'독약 구조대'에 감춰진 어두운 미스터리
하비 와일리 실험실 밀착 감시.

WILL GO ON POISON DIET FOR MONTHS

Dr. Wiley's Squad Is Ready for the Tests.

Twelve Young Men to Be Fed on Adulterated Foods.

▴독약 섞은 식사 수개월 실험 뜻 밝혀
와일리 박사 팀, 준비 마쳤다.
실험 대상자는 12명의 젊은 남성.

WILL EAT ADULTERATED FOOD

Wiley's "Poison Squad" Reassembles on Monday Next.

▴부정·불량식품을 사람에게 먹인다
와일리 박사의 '독약 구조대', 다음 월요일에 실험 재돌입.

조지 로스웰 브라운이 〈워싱턴 포스트〉에 일련의 기사를 싣자 독약 구조대의 실험에 전국적인 관심이 쏟아졌다. 위 사진은 당시 독약 구조대를 다룬 신문들의 헤드라인이다.
〈워싱턴 스탠더드Washington Standard〉(워싱턴주 올림피아) 1905년 3월 31일 자(왼쪽 위) / 〈워싱턴 타임스Washington Times〉(워싱턴 D.C.) 1902년 12월 29일 자(왼쪽 아래) / 〈샌프란시스코 콜San Francisco Call〉 1903년 10월 12일 자(오른쪽 위) / 〈베미지 데일리 파이어니어Bemidji Daily Pioneer〉(미네소타주) 1905년 1월 7일 자(오른쪽 아래).

"이틀째 사망자 없음"이나 "우울한 크리스마스 저녁 식사" 같은 문구가, 신문을 넘기던 사람들의 눈길을 사로잡았다. 브라운의 기사는 대부분 실험을 우스갯거리로 삼아서 쓴 허구였다. 붕사를 먹은 하숙생의 얼굴이 살짝 홍조를 띠었다는 내용도 있었다. 그 기사를 보고 이 새로운 미용법에 관한 정보를 얻고자 와일리에게 편지를 보내온 여성이 한두 명이 아니었다.

당연히 와일리는 브라운이 흥미로운 이야기를 만들기 위해 거짓된 내용을 써대는 것이 탐탁지 않았고, 참가자들에게 더 이상 실험과 관련된 사항을 브라운에게 알리지 말라고 지시했다.

그러나 브라운은 계속해서 기사를 썼고, 다른 기자들도 따라 썼다. 곧 미국 전역 사람들이 "독약을 먹는 사람들" "독약 캡슐" "독약 구조대Poison Squad"에 관한 기사를 읽게 됐다.

와일리는 기자들이 '독약'이라는 용어를 쓰는 것이 영 못마땅했다. 와일리 팀이 처음부터 시험 대상 화학물질들을 유해물로 단정 짓고 실험을 진행하는 것처럼 비쳤기 때문이다. 게다가 독약이란 극소량으로도 건강에 해를 입히고 죽음을 초래할 만큼 독성이 강한 물질이라는 뜻인데, 시험 대상인 붕사나 붕산은 독약이 아니었다.

와일리는 〈워싱턴 포스트〉에 진실을 호도하는 브라운의 기사들에 항의했고, 1902년 12월 말 편집인 스콧 본Scott Bone의 답장을 받았다. "본지 기자 조지 로스웰 브라운은 사실이 아닌 내용을 꾸며내려고 한 것이 아니라, 독자들이 흥미를 느끼고 읽을 만한 기사를 쓰려고 했을 뿐입니다. 그리고 이 점에서 상당한 성취를 이루었습니다." 스콧 본은 또 "귀하의 뜻을 존중할 것이라고 약속드립니다"라고 덧붙였다.

그러나 와일리는 결국 브라운 덕을 봤다. 그가 쓴 독약을 먹는 사람들에 대한 기

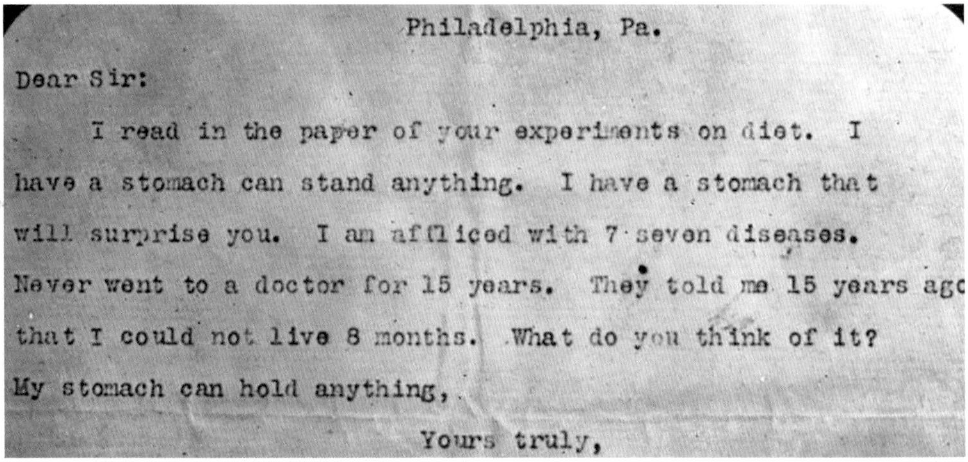

Philadelphia, Pa.

Dear Sir:

I read in the paper of your experiments on diet. I have a stomach can stand anything. I have a stomach that will surprise you. I am afflicted with 7 seven diseases. Never went to a doctor for 15 years. They told me 15 years ago that I could not live 8 months. What do you think of it? My stomach can hold anything,

Yours truly,

'독약 구조대'라는 무시무시한 별칭에도 불구하고, 실험에 참가하고 싶다며 와일리에게 편지를 보낸 지원자가 있었다. 그러나 고용되지는 않았다.

사를 읽은 사람이 전국적으로 수백만 명에 달했다. 와일리의 바람은 대중이 자기가 먹는 일상 식품 속에 화학물질이 들어 있다는 사실을 깨닫는 것이었다. 그런데 그 기사로 인해 마침내 사람들이 알게 된 것이다. 이제 와일리 박사의 독약 구조대는 유명해졌다. 와일리도 이 별칭을 나서서 사용하기 시작했으며, 자신의 하이지닉 테이블스에 대해 "세상에서 가장 널리 알려진 하숙집"이라고 말하기도 했다.

브라운의 기사로 사람들은 보존료와 순수식품 문제를 쉽게 이해하게 되었다. 많은 사람이 화학물질 실험에 용감하게 도전한 지원자들에게 관심과 지지를 보냈지만, 젊은이들을 위험에 내몰았다며 와일리를 비판하는 사람들도 있었다.

와일리를 "미스터 붕사"라 부르고 독약 구조대를 조롱하는 신문들도 나타났다. 한 작가는 노래까지 지었다.

스미스소니언협회를 방문할 생각이라면,
와일리 교수의 눈에 띄지 않도록 조심하세요.
와일리 교수 주변에는 제대로 된 생각을 하는 사람이 아무도 없어요,
그래서 식사 때마다 독을 삼켜요.
아침에는 간과 관 모양의 청산가리,
점심에는 멋들어지게 주름 장식을 넣은 장의사의 파이,
저녁에는 먹음직스러운 빛깔의 비소 튀김,
밤늦은 시간에는 청산이 든 레모네이드 한 잔을 받아요.

먹어도 괜찮겠죠, 하지만 이전과 같진 않을 거예요.
나중에 대가를 치러야 하는 순간이 오면 그 누가 미치지 않을까요.
다음 주에 나올 좀약은 뉴버그풍 요리일까요? 뉴비그풍까지는 아닐지도 몰라요.
먹어도 괜찮겠죠, 하지만 이전과 같진 않을 거예요.

판결의 시간

붕사와 붕산 실험은 1903년 6월까지 다섯 번에 걸쳐 진행됐다. 각 실험 기간은 한 달 정도로, 지원자들은 실험 기간에는 붕사와 붕산 캡슐이 포함된 식사를, 실험이 끝나면 캡슐이 없는 식사를 제공받았다.

이 실험이 끝나자, 와일리 팀은 여러 지원자 그룹을 구성해 다른 식품 첨가물들에 관한 실험을 똑같은 방식으로 이어갔다. 5년이 흘러 1907년이 되기까지 화학국은 벤조산나트륨, 벤조산, 살리실산, 아황산, 아황산염, 포름알데히드, 황산구리, 초석(질산칼륨과 질산나트륨)에 대한 조사를 마쳤다.

실험 2년 차에는 독약 구조대를 제외하고 실험에 동원되는 화학국 직원 수가 대략 25명이었다. 화학자 8명과 이들의 조수, 또 수학적 계산을 맡은 직원이 5~6명 있었다.

참가자들은 다량의 화학물질을 섭취하자 위장 통증, 식욕 상실, 두통, 메스꺼움 등의 반응을 보였다. 한 젊은이는 자기 몸에 나타난 증상을 일일 차트에 다음과 같이 썼다. "머리가 욱신거리고 어지러운데, 어제보다 조금 더 심하다." 몇 사람은 부작용이 가시지 않아 정상적인 식욕을 되찾는 데 수개월이 걸리기도 했다.

POISON-EATERS AT IT AGAIN.

POISON EATERS BEGIN WORK.

Professor Wylie Begins His Experiments With Adulterated Foods.

와일리 팀이 살리실산을 대상으로 두 번째 실험을 시작하자 전국의 신문이 앞다퉈 그 사실을 보도했다. 〈뉴욕선New York Sun〉 1903년 10월 13일 자(위), 〈이브닝 타임스 리퍼블리컨Evening Times Republican〉(아이오와주 마셜타운) 1903년 9월 17일 자.

실험 결과를 분석한 뒤, 와일리는 해당 화학물질을 소량만 섭취하면 그리 위험하지 않겠다는 결론에 이르렀다. 그러나 체내에 축적될 수 있으며, 결과적으로 "소화를 방해하고 건강에 이상을 초래할 가능성이 있다"고 봤다. 또 건강하고 젊은 사람들은 많은 양을 섭취해도 견딜 수 있지만, 병약

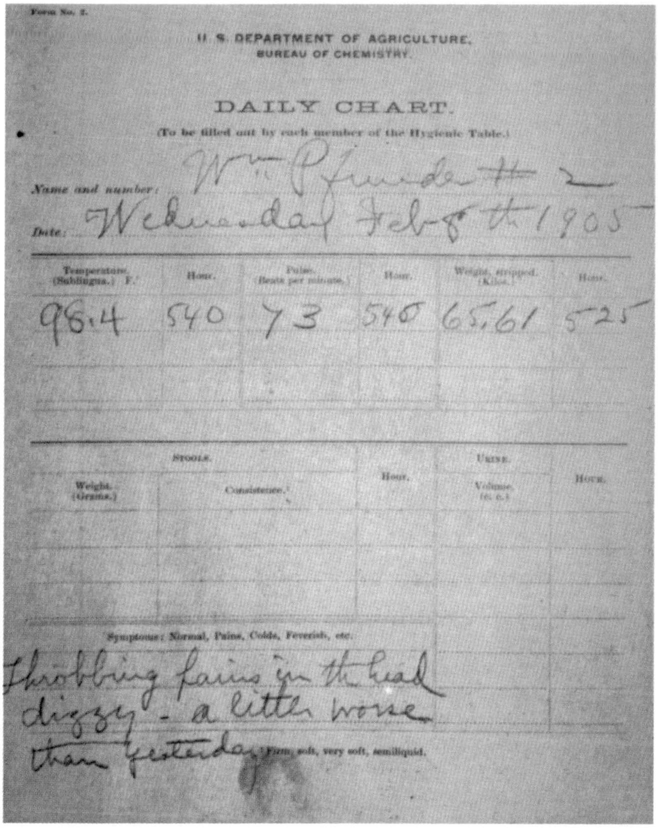

Form No. 2.

U. S. DEPARTMENT OF AGRICULTURE.
BUREAU OF CHEMISTRY.

DAILY CHART.

(To be filled out by each member of the Hygienic Table.)

Name and number: Wm Pfunder #2

Date: Wednesday Feb 8th 1905

Temperature. (Sublingua.) F.	Hour.	Pulse. (Beats per minute.)	Hour.	Weight, stripped. (Kilos.)	Hour.
98.4	540	73	540	65.61	525

Stools.			Urine.	
Weight. (Grams.)	Consistence.	Hour.	Volume. (c. c.)	Hour.

Symptoms: Normal, Pains, Colds, Feverish, etc.

Throbbing pains in the head
dizzy - a little worse
than yesterday

Form: soft, very soft, semiliquid.

독약 구조대 참가자들은 날마다 자신의 건강에 대해 차트를 작성했다. 이 사진은 황산구리 또는 초석을 대상으로 진행된 미공개 연구 보고서에서 발췌한 것으로, 한 참가자가 1905년 2월에 기록한 일일 기록표다.

한 사람들은 그렇지 못할 거라고 우려했다.

먹는 사람의 건강에 해를 입히지 않으면서 식품의 부패를 방지하려면 보존료를 얼마만큼 넣는 것이 적당한가? 와일리는 이에 대해 판결을 내렸다. “우리가 먹어도 되는 소량의 화학물질이 과연 얼마만큼인가에 관해서는 전문가와 다른 사람들 간에 그 어떠한 합의도 있을 수 없다.” 화학물질은 “넣지 않아도 되는 음식”에 넣어서는 안 된다. 와일리는 단지 식품 제조 공정이 쉽고 싸다는 이유로 화학물질을 첨가해서는 절대 안 된다고 주장했다. 보존료가 건강에 해롭다면 금지하는 것이 마땅했다.

1906년 초, 와일리는 의회에 이렇게 보고했다. "식품 제조업체들은 기업의 성장과 이익 창출을 위해서라도 보존료 첨가 행위를 중단해야 한다고 권고하는 바입니다."

사상자?

1906년 11월 워싱턴에서 23세의 로버트 프리먼Robert Freeman이 결핵으로 사망했다. 그는 1902년부터 1903년까지 첫 번째 독약 구조대 일원으로 참여한 인물이었다. 충격에 휩싸인 프리먼의 어머니는 그의 죽음이 와일리 팀의 실험 때문이라고 주장했다.

프리먼의 어머니에 따르면 프리먼은 봉사 실험에 참여하기 전까지 튼튼하고 건강했으나 구조대 활동이 끝나자마자 결핵에 걸렸고, 이는 "독성 불량식품"을 먹어 몸이 약해진 탓이라는 것이었다. 그녀는 한 신문과의 인터뷰에서 "연방 정부 또는 와일리 박사가 아들의 죽음에 대한 손해 배상을 해야 한다"라고 말하기도 했다.

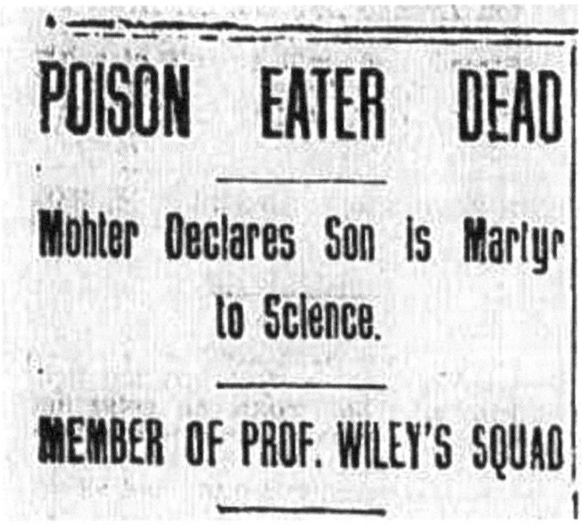
POISON EATER DEAD

Mohter Declares Son is Martyr to Science.

MEMBER OF PROF. WILEY'S SQUAD

로버트 프리먼의 죽음은 대대적으로 보도됐다. 〈데일리 프레스Daily Press〉(버지니아주 뉴포트뉴스) 1906년 11월 23일 자 기사 헤드라인.

언론의 질문을 받은 와일리는 프리먼의 질환이 독약 구조대 활동과 관련 없다고 주장했다. 프리먼은 1903년 1월에 처음 호흡 곤란 증상을 보였고, 이후 상태가 호전되지 않아 봄부터 실험 대상자에서 제외됐다고 밝혔다. 당시 결핵은 미국인의 주요 사망 원인이었고, 사망자 대부분이 30세 미만이었다.

1907년 1월 내내 프리먼의 사연이 워싱턴에서 발행되는 여러 중앙 신문 1면을 장식했다. 한 신문은 다수의 의회 의원이 "독약이 든 음식 실험으로 미국 시민들의 생명을 위태롭게 한 것은, 그 정도를 떠나 명백히 잘못된 일이다"라는 입장을 표명했다고 보도하기도 했다.

프리먼의 어머니는 소송을 제기하지 않았고, 의회도 비난을 하는 선에서 그쳤다. 프리먼의 죽음은 확실히 비극적인 우연이었다. 이후 시간이 흘러 돌아봐도, 독약 구조대 참가자 중 실험으로 인해 지속적인 영향을 받은 사람은 한 명도 없었다. 적어도 한 사람은 아흔네 살까지 살았다.

비판 세력의 공격

와일리는 식품 보존료의 유해성을 알리고자 실험을 시작했다. 그러나 그의 실험이 모든 사람의 마음을 움직이지는 못했다. 특히 비판 세력은 와일리의 실험에서 많은 허점을 찾아냈다.

한 가지 허점은 대조군이 없다는 것이었다. 원래 와일리가 제일 처음 세운 계획에는 실험군과 대조군이 따로 있었다. 그 계획대로면 12명의 참가자는 같은 시각, 같은 장소에서 같은 음식을 제공받는다. 그중 6명은 보존료가 들어간 음식을 먹고, 나머지 6명, 즉 대조군은 보존료가 들어가지 않은 음식을 먹는다. 참가자는 자신이 어느 그룹에 속하는지 알 수 없다. 실험군에서 질환이 나타나면 대조군과 비교할 수 있으므로, 그 질환이 보존료 때문인지 아닌지 확실히 알 수 있을 터였다.

그러나 와일리는 12명에게 똑같이 보존료가 포함된 식사를 제공하는 편이 더욱 편리하기 때문에 그 방식을 채택하지 않았다. 이렇게 해서 대조군이 사라졌다. 지원자들은 언제 화학 첨가물이 들어 있고, 언제 들어 있지 않은지 알았다. 이들의 식사를 준비하는 사람들도 알았다. 또 이들의 건강을 검사하는 의사들도, 이들의 대소변을 분석하는 화학자들도, 이들과 함께 식사하는 와일리도 알고 있었다. 이 점이 실험 결과에 영향을 미쳤을 가능성도 없지 않았다. 자신이 화학 첨가물을 먹었다는 걸 알기

식사를 하기 위해 화학국 지하 식당에 모여 있는 독약 구조대 참가자들.

때문에 괜스레 어지럼증이나 메스꺼움을 보고하는 참가자는 없었을까?

음식에 화학물질을 섞는 대신 따로 캡슐을 제공하기 시작했을 때, 이러한 선입견을 배제할 방법도 있었다. 바로 화학물질을 포함한 식사를 하는 경우든 아니든, 모든 참가자에게 매 끼니 캡슐을 제공하는 것이었다. 화학물질을 제공하지 않아야 할 때는 캡슐에 인체에 무해한 물질을 넣으면 참가자들은 자신이 언제 화학 첨가물을 먹는지 알 수 없을 터였다.

비판 세력이 내세운 또 다른 허점은 실험 참가자들이 보존료를 섭취하기 전과 후에 보이는 신진대사 및 신체의 화학적 작용 변화가 거의 없다는 것이었다. 이들이 메스꺼움이나 복통을 느낀 원인이 화학물질 자체인지, 아니면 화학물질과 함께 먹은 식품 때문인지도 불분명했다.

와일리 팀의 보고서에 따르면 참가자들에게 두통, 인후염, 근육통, 식욕 상실 등의 증상이 발현된 실험이 있었다. 그런데 한 비판자가 그 실험이 진행된 기간이 워싱턴에서 독감이 유행한 시기와 겹치므로, 이들이 그런 증세를 보인 까닭은 독감 때문일 가능성이 있다고 지적했다. 그는 와일리가 실험 대상자들이 외부적 요인으로 질환을 얻을 가능성을 적절하게 통제하지 못했다고 비난했다.

설득력 부족

와일리의 실험을 비판하는 사람들은 독약 구조대 참가자들이 평균적인 소비자가 아니라는 점도 꼬집었다. 아마 여성, 어린이, 노인 들이었다면 화학물질에 다르게 반응했을지도 모를 일이었다.

이와 같은 선상에서 피실험자 수가 너무 적다는 지적도 피해갈 수 없었다. 와일리는 이에 대해 실험당 피실험자가 수십 명이었다면 더욱 탁월한 실험이 됐을지 모르지만, 그렇게 많은 데이터를 분석할 인력이 화학국에는 없었다고 밝혔다. 와일리의 말에 따르면 이 실험은 "데이터를 표로 만들고, 계산하고, 평균을 내고, 연구하는 데 장장 7개월을 쏟은 대단한 수학적 노동"이었다.

나아가 실험 참가자들이 하이지닉 테이블스에서만 먹고 마신 게 맞는지 와일리도 확신할 수 없을 거라고 주장하는 비판자들도 있었다. 와일리는 화학국 화학자들이 참가자의 대소변을 분석했기 때문에 추가적인 음식물을 섭취했는지 여부를 충분히 탐지할 수 있었다고 반박했다. 그러나 비판 세력은 수긍하지 않았다.

와일리는 식품 보존료 생산업계에 종사하는 과학자들의 비판을 받을 거라 예상했는데, 동료 화학자들까지 부정적인 평가

화학국의 계산 담당 직원들은 '대처의 계산 기구Thacher's Calculating Instrument'를 이용해 실험 데이터를 계산했다. 이 계산자는 1881년에 특허를 받은 것으로, 당시 많은 과학자와 공학자가 유용하게 사용했다. 길이는 약 45cm.

를 날렸다.

1905년 4월 초, 뉴욕에서 열린 화학자 클럽에서 와일리의 연설이 끝나자, 컬럼비아 대학교 교수 한 사람이 와일리의 주장에 정면으로 맞섰다. 와일리가 진행한 일련의 실험이, 결론을 내리기에 충분한 성과를 내지 못했다고 주장한 것이다. 그뿐 아니라 윤리적이지 않은 실험이라고 못 박았다.

시카고 대학교 출신 화학자도 비슷한 뜻을 밝혔다. "와일리 박사님께서는 대중을 공포에 몰아넣고 있어요."

또 다른 화학자는 순수식품법이 와일리의 독약 구조대 실험에 근거해 입안되는 일이 있어서는 안 된다고 단언했다. "아무나 10명 데려다 50일간 하루에 한 번씩 뭔가 먹을 걸 주며 그게 독약이라고 말해봐요. 그 기간이 끝나면 전부 살이 쪽 빠져 있을걸요."

와일리는 절대 공격을 피하는 법이 없었다. "네, 그렇게 보는 분도 많더군요. 제가 직접 해명해드려도 되겠습니까?" 와일리는 학회에 모인 화학자들에게 모든 부정·불량식품이 유해한 것은 아니지만, 식품 제조업자들이 화학물질을 소비자 몰래 집어넣는 것은 도덕적으로 부당한 일이라고 토로했다. "보존료가 들어간 식품을 선

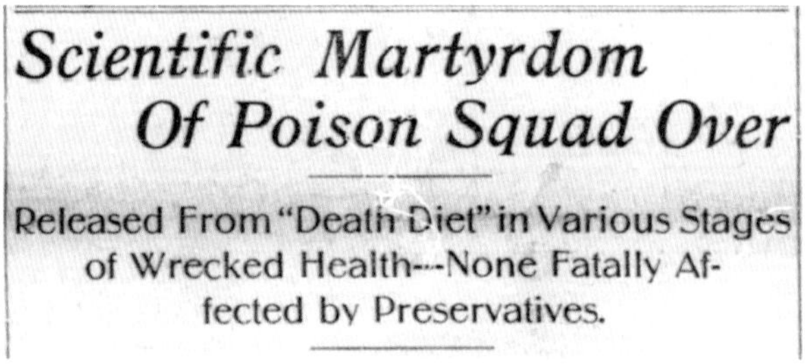
Scientific Martyrdom
Of Poison Squad Over

Released From "Death Diet" in Various Stages of Wrecked Health---None Fatally Affected by Preservatives.

와일리 팀의 벤조산나트륨에 관한 실험이 완료되고 나서 〈워싱턴 타임스〉 1904년 5월 21일 자에 실린 기사의 헤드라인.

내용: 독약 구조대의 순교적 과학 활동 종료
벤조산나트륨 섭취하는 '죽음의 식단'으로부터 해방— 건강 만신창이…
사망자는 없어.

호하는 미국 시민이 있다면 당연히 그런 식품을 살 권리를 보장해줘야겠죠. 그러나 제 말씀은, 그런 식품을 먹고 싶지 않은데 속아서 먹기를 강요당하는 시민이 있어서는 안 된다는 것입니다."

보통 미국 시민은 와일리 실험의 허점에 대해 알아채지 못했다…. 신경도 쓰지 않았다. 이들은 자신이 먹고 있는 음식에 화학물질이 들어 있다는 사실에 혐오감을 느끼고 분노와 불안에 휩싸였다. 독약 구조대는 전국적으로 유명해지면서 순수식품법 제정 운동의 촉매제 역할을 톡톡히 했다.

엉터리 의약품

19세기 후반에는 풍만한 체형이 건강의 상징이었다. 1895년 광고에서는 통통해야 아름답다고 선전했다. 왼쪽 사진은 살을 찌워 매력을 가중시키는 데 도움이 되는 알약과 포장 식품 광고다.
그런데 20세기 초가 되면서 살찐 체형의 유행이 지나가고, 이제 체중 감량을 위한 처방이 쏟아졌다. 오른쪽 사진은 살균 처리한 뒤 병에 담은 촌충(기생충)으로 지방을 제거한다는 엉터리 다이어트법 광고다.

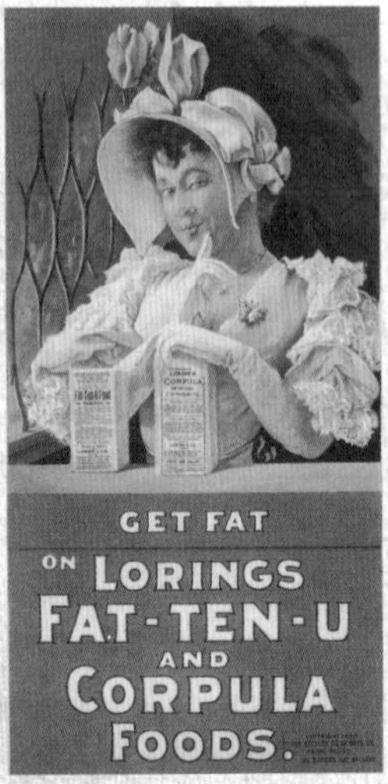

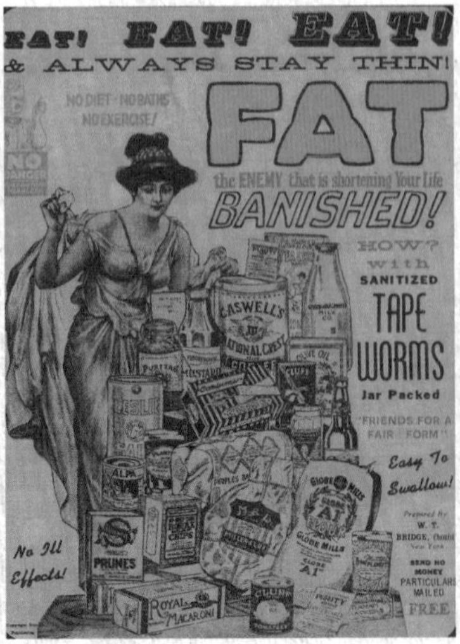

와일리의 조사 연구와 연설은 주로 식품의 위험성에 초점이 맞춰져 있었다. 그러나 와일리는 숙련된 의사이자 화학자로서 엉터리 의약품에 대해서도 확실한 의견을 가지고 있었다.

당시에는 신문, 잡지, 심지어 의학 저널에도 모든 질병을 치료할 수 있다는 엉터리 의약품 광고가 실렸다. 사람들은 알약, 시럽, 그 밖의 온갖 치료제를 손쉽게 구할 수 있었다. 처방전 없이도 아무 약국에나 가면 살 수 있고, 우편으로 배달받을 수도 있었다.

엉터리 약을 파는 사람들이 노리는 대상은 주로 1900년대 초에는 치료법이 없었던 결핵, 암과 같은 심각한 질병을 앓는 사람들이었다. 엉터리 약은 병원을 방문해 의사를 만나는 비용보다 훨씬 싼 데다, 광고들은 이 약이 안전하고 효과적이라고 믿도록 사람들을 현혹시키기에 부족함이 없었다.

홍역, 성홍열, 백일해 등 죽음으로 이어질지 모르는 질병에 걸린 자식이 있으면 부모는 불안한 마음에 조금이라도 가능성 있어 보이는 모든 치료법을 시도하기 마련이었다. 사기꾼들은 이들에게 조금의 양심도 없이 정체불명의 알약, 강장제, 만병통치약 같은 것을 팔았다.

이 엉터리 약들은 대부분 그 어떤 병도 낫게 하거나 누그러뜨리는 데

1889년에 나온, 천식부터 기생충까지 모든 질환에 특효가 있다는 'D. 제인 박사의 구충 강장제Dr. D. Jayne's Tonic Vermifuge' 광고.

효과가 없었다. 상당수는 중독성이 있는 데다 순전히 인체에 해롭기만 했다. 당연히 약에 붙은 라벨에는 성분 표시도 제대로 돼 있지 않았다.

"가난한 엄마들은 밤이 되면 아기에게 아편이나 모르핀이 함유된 진정 시럽을 먹여 인사불성 상태로 만들었다." 와일리가 남긴 기록이다. 아기들은 중독되거나 사망하기도 했다. 와일리는 엉터리 약이 일으키는 "극렬한 해악"에 대중이 무지한 현실을 답답해하고 안타까워했다.

1880년대와 1890년대에는 형형색색의 광고가 포스터, 잡지, 수집용 트레이딩 카드 형태로 등장했다. 자녀의 건강에 관심 많은 부모들을 사로잡기 위해 어린이 모습이 많이 들어가 있다. 이 트레이딩 카드에 '세스 아널드 박사의 기침 킬러Dr. Seth Arnold's Cough Killer'가 위험성 높은 진통제인 모르핀을 함유하고 있다는 사실은 나와 있지 않다. '에이어의 체리 펙토럴Ayer's Cherry Pectoral'은 매사추세츠주 로웰의 에이어 박사가 기획했다는 호흡기 질환 약이었다. 엉터리 약에 박사의 이름을 붙이면 소비자들에게 약이 안전하고 효능이 뛰어날 거라는 확신을 심어줄 수 있었다. '위스타의 와일드 체리 진통제Wistar's Balsam of Wild Cherry'는 겉보기에 아이들에게 더없이 안전할 것 같지만, 알코올과 마약 성분이 들어 있었다.

1861년에 남북전쟁이 발발하기 전, 미국의 전매 의약품, 즉 특허 의약품 거래 시장 규모는 350만 달러였다. 이 시장 규모는 20배 이상 폭발적으로 성장해 1904년경에는 7000만 달러 규모에 이르렀다. 엉터리 약을 사는 사람이 날로 많아지자 1903년에 와일리는 화학국에 의약품 실험실을 설치했다. 이 실험실은 시판되는 수많은 엉터리 의약품의 숨겨진 성분을 폭로했다.

의사 및 약사 단체와 기독교여성절제연합은 의회가 검토 중인 순수식품법 법안에 의약품이 추가돼야 한다고 촉구했다. 와일리도 전매 의약품의 성분 표시를 의무화해야 한다는 압박에 동참했다. "소비자는 자신이 구매하는 것이 정확히 어떤 성격의 제품인지 알 권리가 있다." 와일리가 말했다.

1901년 〈퍽〉에 실린 만화. 특허 의약품을 모든 병을 치료해줄 수 있는 신처럼 떠받드는 미국인들을 풍자한 내용이다.

CHAPTER 5

모르핀, 고기, 그리고 머크레이커

사람들은 '특허 의약품'의 폐해에 완전히 눈을 감고 있다.
_에드워드 복

독약 구조대 실험은 젊은이들이 어지러움과 메스꺼움을 겪게 하는 데 그치지 않았다. 1903년 독약 구조대가 언론의 주목을 받은 덕분에 부정·불량식품에 대한 대중의 인식이 전에 없던 수준으로 높아졌다. 그렇지만 순수식품법 제정으로 이어시는 데는 역부족이었다.

의회에 제출된 법안은 한두 개가 아니었지만, 통과된 것은 하나도 없었다. 순수식품법 법안에 반대하는 기업들로부터 재선에 필요한 자금과 정치적 지원을 받는 의원이 대다수였기 때문이다. 유권자들이 상당한 압력을 행사하지 않는 한, 자기 이익을 우선시하는 하원 의원과 상원 의원들이 이 법안에 찬성할 리 만무했다.

미국 행정부도 적극적으로 나서지 않기는 마찬가지였다. 1901년 9월,

윌리엄 매킨리 대통령이 뉴욕주 버펄로에서 총격으로 암살당하고, 부통령이던 시어도어 루스벨트Theodore Roosevelt가 대통령직을 승계했다.

루스벨트 대통령은 미국이 농업 국가에서 도시 산업 국가로 변화하며 나타난 각종 문제를 해결하기 위해 다양한 진보주의적 정책을 펼치는 것으로 정평이 나 있었다. 그러나 순수식품법에 대해서는 미온적인 태도를 보였다.

와일리도 루스벨트 대통령이 순수식품법 법안을 지지하도록 설득할 수 없었다. 와일리는 말년에 이렇게 썼다. "나는 루스벨트 대통령이 대통령직에 오른 뒤 접촉이 잦았는데, 그에게 좋게 비친 적이 단 한 번도 없을까 봐 염려된다."

지독한 의견 차

두 사람 사이 균열은 루스벨트 행정부가 들어선 첫 달에 거리낌 없는 성품의 와일리가 단호한 루스벨트와 정면으로 부딪치면서 시작됐다.

1902년 초, 루스벨트 대통령은 쿠바에서 설탕 수입 비용을 낮추기 위한 법안이 의회에서 통과되기를 기대하고 있었다. 그런데 와일리는 이 안에 강력히 반대하는 입장이었다. 와일리는 미국 농부들이 내수시장에 설탕을 공급하는 주축이 될 수 있도록 각별한 노력을 기울였다. 외국에서 값싼 설탕이 들어오면 이 농부들이 타격을 입을 수밖에 없었다.

하원에서 열린 청문회에서 한 하원 의원이 와일리에게 이 법안에 대한 견해를 물었다. 와일리는 주저하지 않

미국 제26대 대통령 시어도어 루스벨트(1858~1919)와 하비 와일리 박사는 둘 다 강건하고 고집스러운 성격이어서 때때로 충돌할 수밖에 없었다. 왼쪽 사진은 1903년 대중을 상대로 연설하고 있는 루스벨트 대통령의 모습이고, 오른쪽 사진은 1910년 화학국에서 찍은 와일리 박사의 모습이다.

고 자기 의견을 밝혔다. 더군다나 의회 청문회 자리에서 거짓말을 한다는 게 와일리에게 가당키나 했을까?

와일리가 입을 열었다. "저는 대단히 현명하지 못한 법안이라고 생각합니다. 이 법안이 통과되면 국내 설탕 산업은 치명적인 타격을 입을 것입니다."

와일리의 답변은 주요 일간지 헤드라인을 장식했다. 행정부 일원이 공개적으로 자기 뜻에 반대했다는 말에 화가 난 루스벨트 대통령은 제임스 윌슨 농무부 장관에게 당장 와일리를 파면시키라고 지시했다.

윌슨 장관은 루스벨트 대통령을 말렸다. 와일리는 화학국을 무려 20년 동안 이끌어오며, 전국적으로 인지도가 높고 존경받는 인물이었다. 게다가 직접 질문을 받기 전에는 법안에 대한 반대 의사를 표명하지 않았다.

루스벨트 대통령은 가까스로 진정한 뒤, 와일리에게 메시지를 보내는 것으로 이 일을 마무리 지었다. "이번에는 그냥 넘어가지만, 다시는 이런 일이 없기를 바랍니다."

〈레이디스 홈 저널〉

1905년 초, 순수식품법 제정을 향한 노력은 완전히 막다른 골목에 내몰렸다. 와일리가 관련 법안이 의회에서 통과되도록 노력한 지도 어느덧 20년이 되었다. 그러나 와일리와 그의 지지세력은 거의 한 발짝도 앞으로 나아가지 못했다.

그때 두 잡지가 모든 것을 바꿔놓았다.

여성들이 좋아하는 이야기, 시, 기사 등을 싣는 〈레이디스 홈 저널Ladies' Home Journal〉은 100만 명의 구독자를 보유하고 있었다.

〈레이디스 홈 저널〉 편집인 에드워드 복Edward Bok은 특허 의약품에 포함된 알코올, 모르핀, 아편, 코카인 때문에 약물 중독자 수가 늘고 있다는 보고를 접한 뒤 크게 우려했다. 에드워드는 자기 독자들을 잘 알았다. 독자 대다수가 가족을 먹이고 돌보기 위해 헌신하는 주부였다. 그런데 이들은 엉터리 의약품의 유해성에 대해 전혀 알지 못했다. 신문과 잡지들은 수입의 상당 부분을 특허 의약품 광고에 의존하고 있었기 때문에, 그 제품들의 유해성을 보도하는 경우가 드물었다. 〈레이디스 홈 저널〉은 그러한 광고를 거절했다.

〈레이디스 홈 저널〉 1898년 1월호 표지를 장식한 윌리엄 매킨리 대통령 부인 아이다 여사. 백악관 온실 안에서 포즈를 취하고 있다.

에드워드는 젊은 저널리스트 마크 설리번Mark Sullivan을 고용해 엉터리 의약품 산업을 조사했다. 그리고 1903년 5월호에 아편이 함유된 엉터리 의약품을 섭취하지 말 것을 권고하는 기사를 내보냈다. "아기가 고통스러워하며 울 경우에는 증상을 보고 원인을 제거해야 합니다. '진정 시럽'을 먹이면 아기와 여러분 둘 다 30분가량 평온한 시간을 보낼 수 있을 테지만, 아기의 생명을 그 대가로 치르는 것과 다름없습니다."

1년 후, 〈레이디스 홈 저널〉은 알코올이 들어간 유명 강장제 명단을 구체적인 함유량과 함께 공개했다. 알코올 함유량은 매사추세츠주 보건국이 발표한 화학적 분석 자료에 기초한 것이었다. 여성과 그 가족들이 널리 애용하는 엉터리 치료제 중 일부는 거의 50%가 알코올이었다.

이 명단과 함께 실은 사설을 통해 에드워드는 다음과 같이 밝혔다. "미국 시민들은 되도록 빨리 특허 의약품에 감춰진 무시무시한 위험성을 깨달아야 할 것이다. 자녀를 기르는 어머니라면 더욱더 시급히 눈을 떠야 한다."

1906년 2월호에서 에드워드는 수많은 여성이 시골에 살아 의사를 만날 방도가 없는 처지라는 걸 안다고 썼다. 아이가 아프면 어머니로서는 엉터리 약이든 아니든 일단 손이 갈 수밖에 없었다. “여성들에게는 자신이 돈을 내고 산 것이 무엇인지, 그리고 자신이 자녀에게 먹이는 것이 무엇인지 알 권리가 있다.” 에드워드는 의약품 제조업체들이 제품에 담긴 위험한 화학성분을 전부 라벨에 기재하도록 강제하는 법률을 연방 정부가 한시바삐 만들어야 한다고 촉구했다.

엉터리 약의 비밀

또 다른 인기 잡지 〈콜리어스 위클리Collier's Weekly〉도 에드워드와 의견을 같이했다. 1905년 가을부터 1906년 초까지 〈콜리어스 위클리〉 편집인 노먼 햅굿Norman Hapgood은 특허 의약품 산업의 실상에 대한 폭로를 이어갔다. 몇 달 뒤, 5개의 기사를 묶은 책 《위대한 미국인의 사기극The Great American Fraud》이 출간됐다.

이 기사들을 쓴 사람은 새뮤얼 홉킨스 애덤스Samuel Hopkins Adams로, 공중보건과 의약품에 관한 글로 잘 알려진 서른네 살 취재기자였다. 애덤스는 엉터리 약을 모아 약제사들과 자신이 수학한 뉴욕 해밀턴 칼리지의 화학과 교수에게 성분 분석을 의뢰했다. 그러고는 이미 이 위험한 화학물질을 심도

1905년 6월 3일 자 〈콜리어스 위클리〉에 실린 E. W. 켐블E. W. Kemble의 일러스트, ‘죽음의 실험실Death's Laboratory’. 〈콜리어스 위클리〉는 특허 의약품의 실체를 까발렸다.

있게 조사한 주 정부 화학자들을 인터뷰했다.

애덤스는 하비 와일리에게 자신의 탐사 조사를 도와달라고 부탁했다. 와일리는 화학국이 그간 실험 연구를 통해 확보한 자료들을 넘겨주고, 애덤스가 쓴 기사 초안을 검토해주기도 했다.

〈콜리어스 위클리〉의 폭로로, 유해하고 효능도 없는 250개 이상의 특허 의약품에 세간의 이목이 집중됐다. '리디아 핀컴의 베지터블 콤파운드Lydia Pinkham's Vegetable Compound'와 '페인의 셀러리 콤파운드Paine's Celery Compound'도 포함돼 있었다. "우울증과 활력 부족 증상 완화" 효능이 있다는 선전문구로 인해 여성들에게 불티나게 팔린 액상 타입 의약품들이었다. 위스키나 맥주는 한 모금도 마시길 꺼리는 수많은 여성이 이런 강장제를 정기적으로 복용했는데, 여기에는 상당량의 알코올이 포함돼 있었다.

"아무리 적은 양이라도 알코올을 규칙적으로 복용하면 중독될 수밖에 없고, 술고래, 주정뱅이, 약물 중독자에 이르는 길 위에 서게 된다." 애덤스는 이렇게 썼다.

욕실 선반에 놓인 병에 알코올이 들어 있다고는 꿈에도 상상하지 못한 독자들은 그의 기사를 읽고 어안이 벙벙해졌다.

애덤스는 위험하고 중독성 있는 아편과 코카인으로 만든 기침약과 진정 시럽을

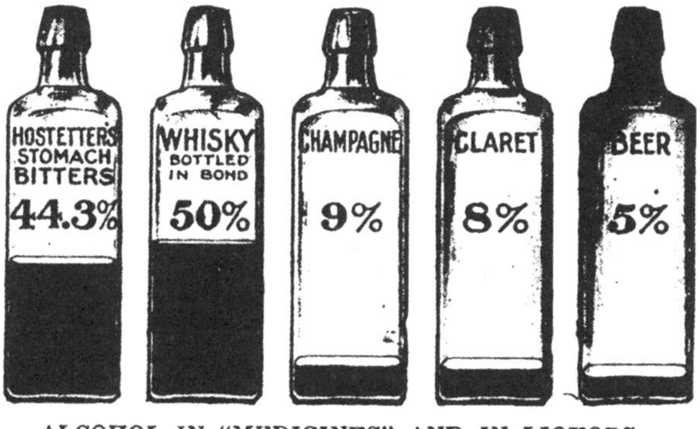

《위대한 미국인의 사기극》에 실린 한 삽화. 강장제라는 호스테터스 비터스 한 병과 여러 알코올음료의 알코올 함유량을 비교한 내용이다. 호스테터스 비터스는 같은 양의 맥주보다 거의 9배나 많은 알코올을 함유하고 있었다. 제조사가 권장한 호스테터스 비터스 복용량은 하루에 몇 차례 티스푼 가득 두 번씩이었다. 이보다 훨씬 많이 마시는 사람도 당연히 있었다.

아이들에게 처방한 의사들을 비난했다. 유아가 기침약을 과다 복용한 뒤 심부전으로 사망한 사례들도 알렸다.

그가 인터뷰한 한 엄마는 아이들에게 모르핀이 함유된 윈슬로 부인의 진정 시럽을 주면 밤에 친구들과 외출할 수 있었다고 말했다. "한 티스푼만 먹이면 아침까지 죽은 듯이 누워 있었으니까요." 인터뷰에 참여한 또 다른 어머니는 다섯 아이를 키우는데, 막내에게 3일에 걸쳐 윈슬로 부인의 진정 시럽 한 병을 먹이는 바람에 아이가 중독에 빠지고 말았다고 밝혔다.

대다수 엉터리 약이 감기 같은 흔한 질병에서부터 결핵 같은 중병까지 모두 치료할 수 있다고 홍보했다. 예를 들어 '리쿼존Liquozone'은 결핵, 암, 담석, 유행성 감기, 알레르기성 비염 등 37가지 질병을 치료하는 데 효능이 있다고 장담했다. 애덤스는 리쿼존이 99%의 물과 약간의 황산으로 이루어진 가짜 약이라는 사실을 폭로했다. 37가지 질병을 고치기는커녕 오히려 위장을 자극하고 염증을 일으킬 가능성이 있었다.

'히드로존Hydrozone'도 리쿼존과 비슷한 용액으로, 세균을 확실하게 죽이는 의약품이라며 대대적으로 홍보했다. 애덤스의 《위대한 미국인의 사기극》에 참고자료로 실린 이 광고는 황열병을 예방하고 치료할 수 있다고 당당히 선전하고 있다. 물론 예방도, 치료도 할 수 없었다. 황열병 바이러스를 퇴치하는 약은 아직 발견되지 않아, 오늘날에도 백신, 모기 방제, 모기에 물리지 않도록 주의하는 방법 등을 통해 황열병과의 싸움을 계속하고 있다.

적색 조항

그동안 특허 의약품 광고를 줄기차게 게재해온 신문, 잡지, 의약 저널 들은 〈콜리어스 위클리〉가 다룬 일련의 기사에 창피함을 느낄 수밖에 없었다. 이런 광고에는 소비자를 유혹하기 위한 기만적인 수법이 들어가 있었다. 의사들이 강력하게 추천하는 의약품이라는 문구를 삽입하거나 해당 엉터리 의약품 덕분에 병이 말끔하게 나았다는 고객들의 추천글 같은 것을 눈에 띄게 집어넣었다. 이러한 수법 덕분에 독자들에게는 광고가 진짜 뉴스 기사라도 되는 것처럼 보였다. 그러나 대부분 엉터리 약 제조업체가 입맛대로 꾸며 쓴 허위 사실이었다.

또 애덤스에 따르면 엉터리 약 제조업체들은 언론을 조작한 책임도 있었다. 이 업체들, 즉 광고주들은 신문 및 잡지와 광고 계약을 맺을 때 계약서에 적색 조항을 삽입하곤 했다. 적색 조항이라는 이름이 붙은 것은 적색 잉크로 써넣을 때가 많았기 때문인데, 그 내용은 특허 의약품 산업을 제한하는 연방법 또는 주법이 통과되면 광고 계약을 해지하겠다는 것이었다.

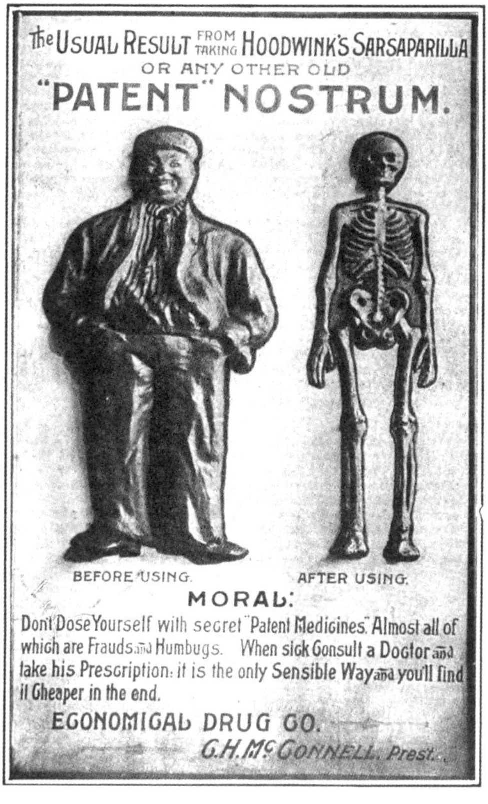

《위대한 미국인의 사기극》에 실린 자료로, 엉터리 약에 반대한 시카고 어느 약국 쇼윈도에 붙어 있던 일러스트다. 그러나 애덤스의 탐사 조사에 따르면 약사들은 엉터리 약이 아무런 약효가 없다는 것을 알면서도 특허 의약품 회사들에 그다지 반기를 들지 않았다. 대다수 약국의 매출이 엉터리 약 판매에 의존하고 있었기 때문이다(광고 내용은 '특허 의약품을 복용하면 이렇게 됩니다'라는 제목 아래 복용 전과 후의 모습을 보여준다).

이들의 협박은 효과가 있었다. 뉴스 미디어들은 특허 의약품 광고 수입에 크게 의존하는 상황이라 광고주들에게 굴복해, 식품의약품법에 반대하는 기사와 사설을 수없이 게재했다. 협력을 거부하면 특허 의약품 회사들 사이에 소문이 나버려 하루아침에 수천 달러의 광고 수입을 잃을 수도 있었다.

충격!

〈레이디스 홈 저널〉과 〈콜리어스 위클리〉 독자들은 이 같은 폭로 기사에 깜짝 놀랐다. 곧 의회 사무실로 기독교여성절제연합과 여성클럽총연합을 비롯한 여성 단체들이 보낸 편지, 전보, 청원서가 물밀듯이 밀려들었다. 앨리스 래키, 몇몇 주의 식품 위원회 위원, 그리고 미국의학협회American Medical Association 대표들이 루스벨트 대통령을 만나 식품의약품법 제정을 촉구했다.

루스벨트 대통령은 그동안 순수식품법에 침묵하는 태도를 보여왔으나 이제 여론이 바뀌었다. 무엇보다 루스벨트 대통령은 영리한 정치인이었다. 1905년 12월, 연방의회에 제출한 연두교서에서 루스벨트 대통령은 "부정·불량, 허위 표시misbranded 식음료 및 의약품에 대한 주와 주 사이 상업적 거래를 규제하는 법률"을 마련하라고 권고했다.

루스벨트 대통령의 성명이 발표되자, 마침내 식품의약품법 법안이 의회에서 통과되기 시작했다.

와일리는 의회에 대한 압력 활동을 계속했으며, 식품의약품법에 대한 예상 밖의 지지자들도 확보했다. 1906년 2월 중순, 와일리는 뉴저지주 애틀랜틱시티에서 열린 통조림 제조업체 총회에 연사로 초청받았다. 이들 중 상당수가 엄격한 법률이 적용되면 생산 비용이 증가하고 통조림 산업이 붕괴할 것이라고 여겨, 새로운 연방법이 제정되는 것에 반대하고 있었다.

와일리는 기차를 타고 워싱턴에서 애틀랜틱시티로 갔다. 그런데 기차역에서 와일리를 기다리고 있던 통조림 제조업체 회장이 불쑥 이렇게 말했다. "와일리 씨의 안전이 심히 우려됩니다." 통조림 제조업체 총회를 위해 모인 사람들이 와일리에게 적의를 품고 있다는 것이었다. "당장 다음 기차를 타고 워싱턴으로 돌아가시는 게 좋을 것 같습니다."

그러나 와일리는 도전에 응하지 않고 도망칠 사람이 아니었다. "그렇게 많은 사람에게 한꺼번에 공격당해본 적은 없지만, 모두 경험이 되겠죠." 와일리는 전혀 동요하지 않고 대답했다.

이날 저녁에 열린 총회에서 와일리가 소개되었지만 아무도 박수를 치지 않았다. 와일리는 연설을 하기 위해 앞으로 나갔다. 청중은 쥐 죽은 듯 조용했다.

적대적인 사람들을 바라보며 와일리는 원고도 없이 연설을 하기 시작했다. "혹시 이 중에 이웃 주머니에 손을 넣어 1달러 지폐를 꺼내 자기 주머니에 넣을 수 있는 분이 있나요? 만약 있다면 손을 들어주십시오."

아무도 반응을 보이지 않았다.

와일리는 이야기를 이어갔다. "혹시

'리디아 E. 핀컴의 베지터블 콤파운드'는 미국 전역 일간지에 광고를 게재했다. 이 광고는 〈스타크빌 뉴스Starkville News〉(미시시피주) 1904년 10월 7일 자에 실린 것이다. 이 광고들에 실린 여성들의 증언에 따르면 '리디아 E. 핀컴의 베지터블 콤파운드'는 유산, 신장 질환, 종양, 유통 등 여성들이 주로 겪는 문제에 두루 효능이 있었다. 그러나 전부 터무니없는 거짓이었다. 소비자에게 비밀에 부쳤지만, 이 강장제는 20%가 알코올 성분이었고, 많은 여성에게 알코올 의존증을 초래했다.

이 중에 자기 제품을 사는 고객을 속여 1달러를 빼앗기 위해 제품에 불순물을 섞고, 품질을 떨어뜨리고, 제품에 그릇된 성분 표시를 할 분이 계신가요? 만일 있다면 손을 들어주시기 바랍니다."

아무도 손을 들지 않았다. 그때 누군가 박수를 쳤고, 곧 청중 전체가 박수를 치기 시작했다.

이제 청중은 와일리를 주목했다. 와일리는 계속해서 왜 순수식품법이 있으면 그러한 종류의 비윤리적 관행을 막을 수 있는지 설명했다. 와일리는 순수식품법이 사기꾼들이 질 낮은 제품을 저가로 공급하며 활개 치지 못하도록 막고 정직한 사업가가 제값에 물건을 판매할 수 있는 시장 환경을 조성하기 때문에 그곳에 모인 사람들에게 이익이 될 것이라고 주장했다.

와일리의 연설은 한 시간 동안 계속됐고, 마지막에는 열렬한 박수갈채가 쏟아졌다. 통조림 제조업체 총회는 곧 순수식품법 지지 의사를 표명했다.

상원 투표

1906년 초, 상원에서 법안이 논의되는 과정에서 와일리의 이름이 떠올랐다. 와일리는 순수식품법 운동의 얼굴이 되었다. 와일리를 적대시하는 세력은 와일리가 상당히 엄격한 잣대를 들이댈 것이 뻔하므로, 화학국이 이 새로운 법을 시행하는 것을 절대 바라지 않았다.

상원 위원회에서 증언하게 된, 피클과 케첩을 생산하는 한 기업 소유주는 다음과 같이 말했다. "이 나라 제조업체들이 무엇을 하고 무엇을 하지 말아야 하는지 결정할 권한을 한 사람이 절대적으로 갖는 것은 크게 잘못된 일이라고 생각합니다."

로드아일랜드주 상원 의원도 와일리의 영향력을 반대했다. "시민들이 뭘 먹고 뭘 마셔야 하는지 일일이 물어보고, 농무부 화학자들이 바람직하지 않다고 생각하는 식음료를 섭취했다면 엄중한 처벌을 내리기라도 하겠다는 겁니까?"

그렇지만 노스다코다주 상원 의원은 순수식품법 법안 지지로 맞섰다. “이 법안의 목적은 시민들이 슈퍼마켓에 가서 원하는 식품을 사기 위해 돈을 지불할 때 바로 그 식품을 구할 수 있도록 하자는 것입니다. 꿈에도 생각지 않은 독성 물질 같은 것이 아니라요.”

1906년 2월, 결국 상원은 63명의 찬성으로 식품의약품법(‘순수식품법’의 내용을 담은 법률의 공식 명칭은 ‘식품의약품법Federal Food and Drugs Act’이다_옮긴이) 법안을 통과시켰다. 22명이 기권했는데, 로드아일랜드주 상원 의원도 그중에 있었다. 반대한 4명은 주 정부에 대한 연방 정부의 영향력이 커지는 것을 탐탁지 않아 하는 남부 민주당원들이었다.

그러나 식품의약품법은 하원에서 표류하는 바람에 투표에 부쳐지지도 못했다.

그때 불결하고 비위생적인 고기가 나타났다.

《정글》

미국의 작가 업턴 싱클레어Upton Sinclair는 사회주의 사상을 고취하기 위한 소설과 기사를 주로 썼다. 글을 써서 버는 돈이 많지 않았던 싱클레어는 사회주의 계열 주간 신문 〈어필 투 리즌Appeal to Reason〉을 설득해 소설을 쓰기로 하고 원고료를 가불받았다. 〈어필 투 리즌〉은 싱클레어의 소설을 나눠 연재하기로 했다.

싱클레어는 막 미국으로 온 이민 노동자들을 형편없는 보수로 부리며 착취하는 육가공 공장들의 현실을 그리는 이야기를 구상했다. 1904년 가을, 스물여섯 살이던 싱클레어는 취재를 위해 시카고로 가서 7주간 그곳 노동자들과 부대끼며 그들이 들려주는 이야기를 기록했다.

싱클레어는 노동자로 가장해 가축 수용장과 육가공 공장에 잠입해, 돼지와 소가 어떻게 소시지·라드·베이컨·쇠고기 통조림으로 변하는지 시켜보고 소설에 집어넣을 상세한 내용을 수집했다.

1905년에 찍은 대형 육가공업체 '스위프트앤드컴퍼니Swift&Company'의 시카고 육가공 공장. 도축업자(위)와 소시지를 만드는 사람들(아래). 싱클레어의 작품은 육류 가공업계의 불결한 환경을 사실적으로 묘사했다.

〈어필 투 리즌〉에 소설이 연재되기 시작된 직후, 싱클레어는 이 소설을 단행본 형태로 출판하기로 계약을 맺었다. 그리고 1906년 2월에 단행본이 출간되었는데, 싱클레어는 이 책을 "미국 노동자들에게 헌정한다"라고 썼다. 《정글The Jungle》은 17개 언어로 번역되어 전 세계 베스트셀러 반열에 올랐고, 싱클레어는 유명해졌다.

그런데 독자를 사로잡은 것은 《정글》의 사회주의적 주제가 아니었다. 사람들은 육가공 공장에서 벌어지는 일들에 대한 사실적 묘사에 엄청난 충격을 받았다.

육가공업계의 악습에 관한 얘기는 이미 몇 년 전부터 소문이 돌고 있었다. 병에 걸린 가축을 도축해 통조림을 만든다는 소문이었다. 정부 조사관들은 이러한 실태를 알아차리지 못했거나 보고하지 않았다. 《정글》은 이런 끔찍한 소문들이 진짜임을 확인시켜주었다.

싱클레어가 마치 눈앞에 보이는 것처럼 생생한 대목들을 집어넣은 것은 작품에 사실주의적 색채를 더하기 위해서이지, 대중에게서 이러한 반응을 기대한 것이 아니었다. 그 대목은 300쪽이 넘는 책에서 10쪽 남짓에 불과했다. 그런데 너무 인상적이어서 독자들 눈에 단단히 든 것이다.

육가공 공장의 "바닥은 핏물로 흥건했다". 고깃덩어리, 쥐약을 먹은 쥐, 쥐똥이 한데 갈려 소시지로 만들어졌다. 일꾼들은 "자신들의 발에 무지막지하게 짓이겨진 데다 자신들이 뱉은 결핵균이 포함된 침과 뒤섞인" 바닥의 고기 부스러기를 삽으로

1906년 3월 10일 발행된 주간지 〈시카고 이글Chicago Eagle〉의 헤드라인. 이 기사에는 결핵과 암에 걸린 가축들의 고기가 미국 소비자들에게 팔리기까지 과정 같은 《정글》의 끔찍한 내용이 고스란히 실려 있었다.

내용: 결핵과 암에 걸린 시카고산 쇠고기!

그러모아 다시 기계에 집어넣었다.

가장 소름 끼치는 것은 '탱크에 떨어진' 사람들에 관한 대목이었다. "그 사람들을 꺼냈을 때는 온전한 사람의 모습이 아니거나, 며칠 동안 사람이 빠진 줄도 몰라 더럼 회사(《정글》 속의 육가공 회사_옮긴이)의 '퓨어 리프 라드(고급 돼지기름_옮긴이)'가 돼버렸는지 어쨌는지 뼈만 남아 있었다."

싱클레어가 쓴 육가공 공장 이야기는 대서특필됐다. 〈뉴욕 이브닝 포스트New York Evening Post〉는 동요를 소설 내용에 맞춰 개사해서 싣기도 했다.

메리에게는 어린 양이 있었어요.
어느 날 메리는 그 양이 병든 걸 봤고,
육가공 단지로 보냈어요.
지금은 치킨이라는 이름이 붙었답니다.

전 국민이 공포에 빠지고 역겨움에 치를 떨었다. 당연히 육류 판매량이 급격히 감소했다. 싱클레어는 훗날 이렇게 썼다. "나는 대중의 심장을 노렸다. 그런데 어쩌다 보니 대중의 위장을 강타했다."

군인 루스벨트와 저질 고기
1898년 미국·스페인 전쟁 당시 '러프 라이더스Rough Riders' 부대 군복을 입고 포즈를 취한 시어도어 루스벨트. 그는 미국·스페인 전쟁에 대령으로 참전한 경험 때문에 지저분한 육류 가공 공정에 대한 업턴 싱클레어의 이야기에 특별한 관심을 가졌다. 루스벨트를 포함해 군인들은 힘줄투성이에 끈적끈적한 통조림 쇠고기를 공급받았는데, 그걸 먹은 군인들은 복통과 구토를 일으켰다. 공식 조사 결과 육류 가공업자들이 미국 군대에 최저 품질의 쇠고기를 공급한 것으로 밝혀졌다.

기회

육가공업계 스캔들은 많은 사람에게 기만적이고 유해한 식품으로부터 미국 국민의 안전을 지켜줄 법제 마련을 더는 늦추면 안 된다는 확실한 증거로 다가왔다. 격분한 시민들의 편지가 백악관에 쇄도하자, 루스벨트 대통령은 가축 수용장 실태를 조사하라고 지시했다. 소설에 세세하게 기술된 내용이 진짜인지 아닌지 파악해오라는 것이었다.

그 결과 대다수 내용이 진실로 드러났다. 통조림 겉면 라벨에는 미국 정부의 검사를 통과했다고 표시돼 있었으나, 검사 자체가 최소한의 수준에 그쳤던 것이다.

루스벨트 대통령은 육가공업계 스캔들에 대해 즉각 조치를 해야 한다고 판단했다. 그러지 않으면 유럽 국가들이 미국 정부의 식품 검사 제도를 신뢰할 수 없다는 이유로 미국산 육류 수입을 거부할 가능성도 있었다. 루스벨트 대통령은 더 이상 방관하지 않고 의회가 육류의 안전성 검사를 강화하도록 밀어붙였다.

《정글》의 폭로는 식품의약품법 제정을 향한 투쟁에도 에너지를 불어넣었다. 지지자들은 법안에 제동을 건 하원에 압박 수위를 높였다. 1906년 6월 중순, 앨리스 래키는 미국 전국소비자연맹National Consumers League, NCL을 대표해 간절한 마음을 담아 〈뉴욕 타임스New York Times〉 편집인에게 편지를 보냈다. 래키는 하원이 식품의약품법 제정을 위해 노력해온 75만 명의 여성을 무시한다고 강하게 비판하며 다음과 같이 썼다. "이 정부는 더 이상 국민의, 국민에 의한, 국민을 위한 정부가 아니라 기업에 의한, 기업을 위한 정부인가?"

대중의 강력한 항의는 이 법안에 대한 하원 내 반대 세력을 물리쳤다. 하원 토론에 참석한 버펄로 하원 의원은 이렇게 발표했다. "국민이 순수식품법을 요구하고 있습니다."

그리고 6월 23일, 마침내 하원도 식품의약품법 법안을 통과시켰다. 의회는 또한 연방 정부가 육류를 검사하고, 육가공 공장의 위생 관리 체계를 규제하며, 안전하

육가공업자들은 싱클레어의 소설이 과장됐다고 주장했다. 1906년 7월, 〈퍽〉은 가축을 도축하기까지 완벽하게 관리한다는 육가공업자들의 주장을 조롱하는 일러스트를 실었다.

지 않은 제품을 폐기할 수 있도록 새로운 권한을 부여하는 육류 검사법 개정안Meat Inspection Amendment을 통과시켰다.

일주일 뒤 1906년 6월 30일, 루스벨트 대통령의 서명으로 두 법안이 모두 법제화되었다. 각 신문은 "마침내 순수식품법 탄생" "순수식품법 법안의 승리" 같은 헤드라인으로 이 순간을 기록했다.

마침내… 승리

와일리, 그리고 와일리와 뜻을 함께하는 사람들은 거의 사반세기 동안 순수식품법 제정을 위해 싸워왔다. 그사이 의회에 제출됐으나 통과되지 못한 법안이 100개가 넘었다.

수많은 그룹의 협력과 조직적인 행동이 있었기에 법안이 통과될 수 있었다. 와일리는 주 식품위원회 위원과 화학자들, 전국의 의사협회 및 약사협회 회원들, 보건 공무원들에게 공을 돌렸다. 그리고 머크레이커muckraker(사회와 기업 부정부패 고발을 중심으로 활동하는 저널리스트_옮긴이)인 에드워드 복, 마크 설리번, 노먼 햅굿, 새뮤얼 홉킨스 애덤스, 업턴 싱클레어에게 박수를 보냈다. 이들의 글로 인해 특히 의약품에 숨겨진 비밀과 식품 제조 공정의 비위생적인 실태가 만천하에 드러났기 때문이다.

무엇보다 와일리는 전국 수백 개 여성 단체의 기여를 높이 평가했으며, 후에 이들에 대해 식품의약품법을 옹호하는 데 "가장 위대하고 강력한" 영향력을 발휘한 조직들이라고 회고했다.

와일리는 식품의약품법 법안 통과를 위해 노력한 많은 사람 중 한 사람이지만, 이 운동을 이끈 핵심 인물로 인정받았다. 워싱턴의 한 신문은 와일리를 "부정·불량 식품에 관계된 모든 이의 끈질긴 적"이라고 칭했다.

정부 내 입지 때문에 와일리는 식품의약품법 제정을 향한 움직임을 계속해서 몰고 나갈 수 있었다. 그의 지시에 따라 화학국은 식품과 의약품에 감춰진 위험과 기만 행위를 조사하고, 적발하고, 공개했다. 또 의회에서 관련 법안을 통과시키려는 하원 의원과 상원 의원들에게 과학적 근거 자료를 제공했다. 와일리는 곧잘 청중을 사로잡는 연설로 대중의 인식을 제고했다. 시민들을 만나 의회 의원들을 설득하도록 격려하기도 했다.

이 모든 활동으로 와일리는 순수식품의약품법Pure Food and Drugs Act의 아버지로 알려지게 됐으며, 훗날 이 법은 그를 기리기 위해 '와일리 법'이라고 불렸다.

와일리는 자서전에 이렇게 썼다. "끊임없이 계속되던 교전에 마침내 종지부를 찍고 위대한 싸움에서 승리한 장군은 어떤 기분일까? 1906년 6월 마지막 날, 나는 그 기분을 맛본 것 같다."

머크레이커

Collier
HARPERS WEEKLY
LIFE
LAWSON
EVERY BODY'S
JEROME
COLBY
HAPGOOD
ADAMS
BAKER
Weaver

1906년 2월 21일 발행된 〈퍽〉에 실린 일러스트. 제목은 '십자군The Crusaders'이다. 머크레이커들을 사회 문제와 부패에 맞서 싸우는 기사로 묘사하고 있다. 〈콜리어스 위클리〉 편집인 노먼 햅굿, 기자 새뮤얼 홉킨스 애덤스의 모습이 보인다.

에드워드 복
(1863~1930)

마크 설리번
(1874~1952)

노먼 햅굿
(1868~1937)

새뮤얼 홉킨스 애덤스
(1871~1958)

업턴 싱클레어
(1878~1968)

이 그림과 앞의 일러스트는 의회가 1906년 식품의약품법이 통과된 직후 게재한 것으로, 와일리에 대한 존경과 예우의 뜻이 담겨 있다. 와일리는 이 일러스트들을 무척 좋아해 따로 간직할 정도였다.

CHAPTER 6

"시민의 몸속을 지켜주는 문지기"

정직한 사람이라면 이 새로운 법 때문에 밤잠을 설칠 리 없다.
그러나 부정직한 사람이라면 잠 못 드는 밤이 계속될 것이다.
_하비 와일리

새로운 법에 순수식품법을 추진해온 사람들이 희망한 모든 것이 반영되지는 않았지만, 와일리는 법이 아예 없는 것보다는 백배 낫다고 생각했다.

이제 이 법에 따라 식음료 제조업체들이 소비자를 오도하는 내용을 라벨에 삽입하는 것은 불법이 됐다. 제품에 들어 있지 않은 성분을 라벨에 표기해서도 안 되고, 저렴한 대체 물질이나 물을 섞어도 안 되었다. 위험하고 독성을 지닌 물질을 첨가하

거나 부패한 재료를 신선한 것으로 둔갑시켜도 안 되었다. 캔디 류에 유해한 색소나 광물을 집어넣는 것도 금지였다.

연방 정부는 미국으로 들어오거나 미국에서 나가는 식품을 포함해 모든 식품을 검사할 권한을 갖게 됐다. 정부 조사관이 식품 제조 공장을 검사해, 법을 위반한 사실이 적발된 업체는 벌금을 물거나 제품을 전량 압수당할 수 있었다.

소비자의 반응

독약 구조대와 새로운 법에 대한 소식을 접한 소비자들은 식품 보존료를 경계하게 됐다. 붕사, 포름알데히드, 살리실산, 황산구리가 들어간 식품을 먹고 싶어 하는 사람은 없었다. 이 화학 첨가물들이 불순하고 질 낮은 성분이라는 것을 알게 된 것이다.

이에 대응해 식품 제조업체들은 식품 생산 방식을 바꿨다. 식품의약품법 법안에 반대한 기업들도 변화에 순응했다. 이전처럼 많은 화학물질을 첨가할 필요가 없도록 위생시설과 살균장치를 갖추기 시작했다.

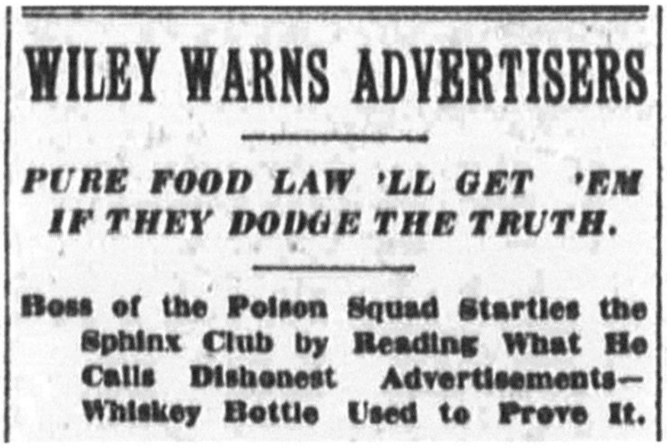
WILEY WARNS ADVERTISERS

PURE FOOD LAW 'LL GET 'EM IF THEY DODGE THE TRUTH.

Boss of the Poison Squad Startles the Sphinx Club by Reading What He Calls Dishonest Advertisements—Whiskey Bottle Used to Prove It.

〈뉴욕 선〉 1908년 11월 11일 자 헤드라인. 와일리는 순수식품의약품법 위반 사항들을 계속해서 대중에게 알렸다.

내용: 와일리 박사, 식품업체들에 경고
허위광고를 하면 식품의약품법에 저촉된다.
독약 구조대 이끄는 하비 와일리의 '부정직 광고' 발언에 뉴욕 광고업계 바짝 긴장 —위스키 병 라벨을 예로 들어.

식품의약품법은 위험한 화학물질이 담긴 특허 의약품도 겨냥했다. 중독과 사망을 야기할 수 있는 11가지 특정 약물을 함유한 엉터리 의약품은 그 사실과 함께 약물의 정확한 함유량을 라벨에 적시해야 했다. 이 약물에는 알코올, 모르핀, 아편, 헤로인, 코카인과 그 밖의 6가지 약물이 포함됐다.

'윈슬로 부인의 진정 시럽'은 모르핀이 들어 있다는 사실을, '호스테터스 비터스'는 알코올 함유량을 밝혀야 했다.

식품의약품법이 제정됐다고 해서 가짜 약을 파는 업체들이 사라진 것은 아니었다. 다만 법은 이 업체들이 약품 성분을 표시하도록 강제했다. 드디어 엉터리 약이 어떤 성분으로 구성돼 있는지 알게 된 소비자들은 더 이상 그 약을 사지 않았다. 식품의약품법이 통과됨에 따라 제품에 변화를 주는 기업들도 생겨났다. 윈슬로 부인의 진정 시럽은 모르핀 함유량을 줄이다, 결국 아예 빼버렸다.

그러나 앞서 나온 11가지 약물이 아닌 이상 특허 의약품 회사들은 성분을 표시할 의무가 없었다. 따라서 위험한 성분을 포함한 수많은 가짜 치료제는 계속해서 시장에 유통됐다.

조사관

1907년 1월 1일을 기해 식품의약품법이 발효됐다. 와일리의 정적들로부터 반대가 있었지만, 식품과 의약품을 검사하고 업체의 위법 여부를 결정하는 권한은 화학국에 돌아갔다. 와일리는 불법 제품을 단속하고 적발할 인력을 대거 모집해야 했다.

그해 봄에 조사관 지원자 1000여 명 중 28명을 최종 선발했다. 법률, 의학, 약학, 화학 등 다양한 배경을 지닌 사람들이었다. 와일리는 이들을 면담한 뒤, 켄터키 변호사 출신인 스물아홉 살 월터 캠벨Walter Campbell을 수석 조사관으로 임명했다.

수습 기간을 거치며 조사관들은 공장을 방문해 식품 제조 공정을 파악했다. 또한 비위생적인 현장을 포착하고, 상점과 공장에서 식품 및 의약품 샘플 수집 방법을 배웠다. 식품의약품법이 조사관들에게 기업의 내부 문서를 조사할 수 있는 권한까지 주지는 않았기 때문에, 조사관들은 눈을 크게 뜨고 조심스럽게 조사를 진행해야 했다.

제품 라벨이 소비자를 속이고 있지 않은가? 라벨에 표시된 원료가 식품에 실제로 들어가 있는가? 인체에 유해한 물질이 들어 있는 것은 아닌가? 의약품이라면 표시 의무가 있는 11가지 위험 화학물질이 함유돼 있는가? 그 사실이 제품 포장 겉면이나 병에 붙은 라벨에 표시돼 있는가? 또한 농도는 제대로 표시돼 있는가?

와일리는 화학국 조사관들에게 다음 모토를 제시했다. “판단이 잘 서지 않을 때는 소비자 보호를 우선하라.”

여름이 되자 28명의 조사관은 미국 전역으로 흩어져, 맡은 바 임무를 수행하기 시작했다. 이들은 조사에 필요한 샘플이 확보되면 보스턴, 뉴욕, 필라델피아, 뉴올리언스, 시카고, 샌프란시스코에 설치된 6개 화학국 연구소 중 한 곳으로 보냈다. 그 후 2년 동안 다른 도시에 15개의 연구소가 더 생겼다.

위법 업체를 발견하면 농무부에 보고했다. 적발 업체가 기소돼 재판에 회부될 수 있도록, 수집한 증거를 미국 법무부 U.S. Justice Department에 제출하는 권한은 제임스 윌슨 농무부 장관에게 있었다. 유죄가 입증된 업체 소유주는 벌금형 또는 수감형

1909년 7월, 뉴욕주 버펄로에 모인 화학국 조사관들.
1907년에는 조사관이 28명이었으나 1913년에는 44명으로 늘었다.

에 처해졌다.

와일리는 처음부터 이 법의 결점을 인지하고 있었다. 의회에서 법안을 통과시키는 데 충분한 표를 확보하기 위해서는 수차례 타협해야 하고, 그 과정에서 법안 내용이 약화됐기 때문이다. 와일리는 자신과 화학국이 이 문제들을 극복할 수 있을 거라고 생각했다. 화학국 조사관과 화학자들의 조사 결과가 어떤 제품이 허용되고 어떤 제품이 허용되지 않는지 좌우할 수 있기를 바랐다. 그러면 식품 및 의약품 제조업자들이 기꺼이 따를 수밖에 없으리라는 계산이었다.

그러나 와일리의 바람은 빗나갔다.

투표에서 지다

1907년 4월, 윌슨 농무부 장관은 와일리의 반대를 꺾고 3인으로 구성된 식품의약품 조사위원회 Board of Food and Drug Inspection를 설치했다. 위원회는 식품의약품법 위반에 관한 결정을 내리고, 와일리에게 해당 법의 적용 방안을 권고했다.

와일리는 위원장이었음에도 위원회 투표에서 번번이 다른 두 사람에게 졌다. 화학국이 부정·불량식품을 적발해 와일리가 법적 조치를 제안하면, 위원회는 몇 번이나 되풀이해서 그 의견을 기각했다.

윌슨 장관은 와일리가 독약 구조대를 통해 황산구리와 초석을 연구한 결과를 공개하는 것도 허락하지 않았다. 와일리는 독약 구조대의 일련의 실험에 근거해 이 두 화학물질이 건강에 위협적이므로 식품에 첨가하는 것을 금지해야 한다는 입장이었다. 그러나 윌슨 장관은 한사코 이 실험 결과를 대중에게 공표하기를 거부했다.

와일리는 윌슨 장관과 위원회의 다른 두 사람이 식품의약품법을 어긴 기업들을 보호하고 있다는 데 생각이 미쳤다. 1897년부터 쭉 와일리는 윌슨 장관과 우호적인 관계를 유지해왔다. 와일리는 윌슨 장관의 능력과 정치적 수완을 존경하고 있었다. 그러나 이제 그에 대한 실망을 금할 수가 없었다. "그는 공공 문제, 특히 먹거리와 관

짙은 색 양복을 입고 넥타이를 맨 존 언쇼John Earnshaw가 유제품 제조 공장을 방문한 모습. 한 사진사가 최초로 선발된 조사관 중 한 사람인 언쇼를 따라다니며 사진을 찍었다. 언쇼는 1910~1912년에 걸쳐 볼티모어와 워싱턴 지역 공장을 두루 조사했다. 그는 우유에 물이 섞이지 않았는지, 화학물질 등 불순물이 섞이지 않았는지, 우유가 박테리아로 오염되지 않았는지 확인했다.

달걀 가공업체를 방문한 언쇼의 모습. 그는 건물의 위생 수준, 달걀의 상태, 직원의 건강 상태를 점검하고, 업체가 달걀의 부패를 막고 좋은 색을 내기 위해 화학물질을 불법적으로 사용했을 가능성은 없는지 조사했다.

1909년에 한 조사관이 워싱턴 일대 제과점에서 곰팡이가 피고 빌레가 낀 건포도를 찾아냈다. 법원은 식품의약품법에 의거해 이들에게 유죄 판결을 내렸다. 이 사진의 건포도는 전량 폐기됐다.

언쇼가 이스터 에그용 초콜릿을 만드는 공장을 조사하고 있다. 일부 식품 가공 공장과 달리 이 공장은 청결하다.

볼티모어의 한 시금치 가공업체를 살펴보는 언쇼의 모습.

련된 건강 문제에서 잘못된 쪽을 택하는 능력이 아주 출중했다." 와일리는 자서전에서 이렇게 남겼다.

멍청이

1907년, 화학국 실험실에서 와일리.

이런 상황에서 와일리는 또다시 루스벨트 대통령과 대립각을 세우며 자신과 화학국의 입지를 약화시켰다.

1908년 초, 루스벨트 대통령은 윌슨 장관과 와일리를 백악관으로 불러 함께 식품 제조업계 대표들을 만났다. 당시 식품 제조업체들은 채소 통조림에 벤조산나트륨과 사카린 첨가를 허가해주길 바라고 있었다. 이들은 자기들의 입장을 헤아려달라고 대통령을 설득하기 위해 그 자리에 온 것이었다.

윌슨 장관과 와일리는 국무회의 때 쓰이는 회의실로 안내되었다. 식품 제조업계 대표단은 이미 자리에 앉아 있었다. 루스벨트 대통령은 와일리를 향해 물었다. "벤조산나트륨을 식품에 넣는 것이 건강에 해롭다고 생각하시는지요?"

"생각하고 말 것도 없이 해롭다는 걸 잘 알고 있습니다. 건강한 청년들에게 먹도록 했더니 병이 나는 걸 봤으니까요."

루스벨트 대통령은 과장되게 책상을 탁 내리치며 대표단에게 말했다. "여러분, 건강에 해롭다고 하니 식품에 넣지 않는 것이 좋겠습니다."

대표단 중 한 사람이 사카린은 어떤지 물었다. 옥수수 통조림 회사를 경영하는 사람이었다. "저희 회사는 작년에 설탕 대신 사카린을 사용해 4000달러의 비용 절감 효과를 봤습니다."

와일리는 그만 자제력을 잃고 말았다. 와일리는 오랫동안 석탄 타르에서 추출되는 사카린이 유해하다고 의심해왔기 때문이다. "그렇습니다, 대통령님." 와일리는 불쑥 말을 시작했다. "대통령님과 이 식품을 먹는 사람들은 모두 속고 있는 겁니다. 자신이 먹는 게 설탕이라고 영락없이 믿고 있으니까요. 게다가 사카린은 건강에도 위협적인 화학물질입니다."

루스벨트 대통령은 와일리를 노려봤다. "사카린이 해롭다고 믿는 사람은 멍청이요. 릭시 박사(루스벨트 대통령의 주치의)는 내게 매일 사카린을 권하고 있단 말입니다."

와일리는 자신의 발언이 엄청난 실수라는 것을 깨달았다. 생각해보니 루스벨트 대통령의 설탕 섭취량을 줄이고 당뇨병 위험을 낮추기 위해 릭시 박사가 사카린을 처방했을 것 같았다. 와일리는 곤경에 빠지고 말았다.

독약 구조대 해체

이틀 뒤, 루스벨트 대통령은 다섯 명의 대학 과학자로 구성된 위원회를 만들어, 식품의약품법 위반에 관한 와일리의 권고 사항들을 검토하라고 지시했다. 위원장은 볼티모어의 존스홉킨스 대학교 총장 아이라 렘슨Ira Remsen이었다…. 그는 사카린을 발견한 사람 중 한 명이었다.

렘슨 위원회가 어떤 회사를 기소하라고 권고하지 않는 한, 화학국 조사관과 화학자들이 조사한 자료는 무시됐다. 윌슨 장관은 와일리에게 화학국이 진행하던 식품 첨가물 조사를 중단하라고 요구했다. 후속 연구는 렘슨 위원회가 지속할 거라면서 말이다.

와일리는 늘 의회에 적이 있었고, 그들은 와일리의 독약 구조대 실험에 더 이상 예산을 배정하지 않아도 된다는 데 반색을 표했다. 〈뉴욕 선〉도 이 사실을 환영했다. 〈뉴욕 선〉 편집국은 "하늘 아래 온갖 음식을 시험하고 조사"하는 일에 납세자들의 세금이 들어간다는 데 이의를 갖고 있었다. 이 신문은 또 "연방 정부의 한 분과가 실시하는 실험이 대학이나 과학자들이 연구실에서 실시하는 실험만큼 권위를 가질 수

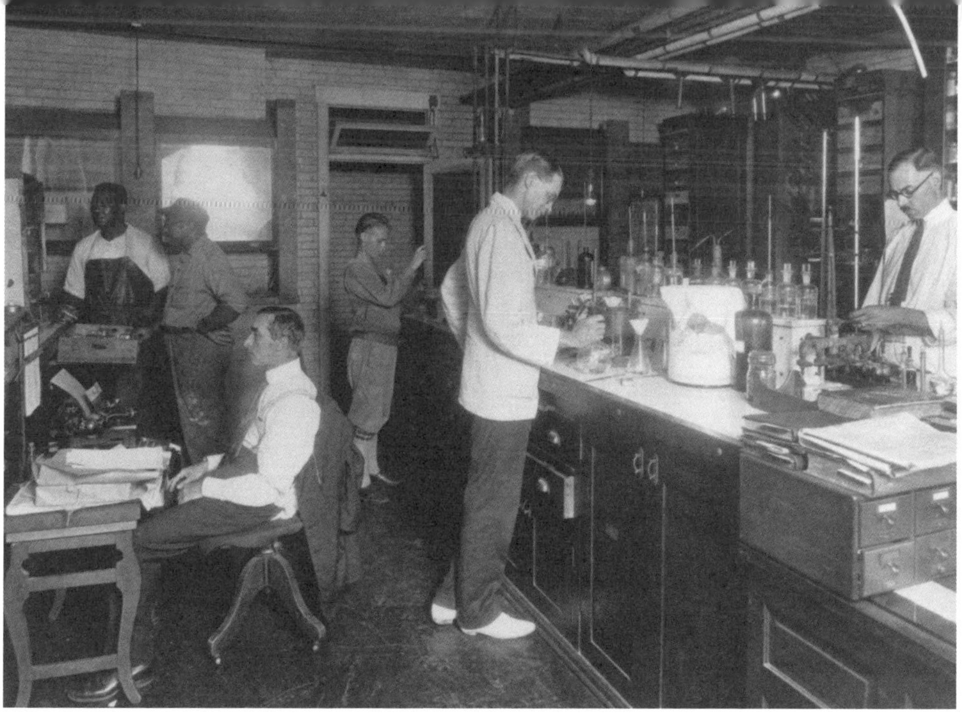

1910년 무렵, 화학국 화학자와 조수들.

있는지 의문이다"라고 썼다.

와일리는 후에, 루스벨트 대통령 앞에서 사카린에 관한 자신의 소견을 밝힌 것이 "식품의약품법이 완전히 마비되는 근거로 작용"했다고 썼다.

자신과 루스벨트 대통령의 관계가 식품의약품법 집행을 가로막았다는 와일리의 판단은 틀리지 않았던 것 같다. 루스벨트 대통령은 와일리가 식품의약품법 제정에 큰 공로를 세웠으며 그가 청렴하고 강직한 인물이라는 점은 인정했으나, 와일리의 의견은 신뢰하지 않았다.

1909년 1월, 루스벨트 대통령은 이렇게 남겼다. "개인적인 판단에 따르면, 와일리 박사의 문제는 그가 더없이 중대한 사안들에 관해 심각한 판단 착오를 저질러왔다는 점입니다. 필요한 효과를 얻지 못하는 데 그치는 게 아니라 광범위한 악영향을 불러일으키지 않을까 하는 우려 없이 그의 의견을 수락하는 것은 불가능할 정도입니다."

물거품이 된 희망

1908년 대선 결과 루스벨트 대통령이 물러나고 윌리엄 하워드 태프트William Howard Taft 대통령이 취임함에 따라 와일리는 이전보다 상황이 나아질 거라고 기대했다. 태프트 대통령의 언행에 비춰 볼 때 식품의약품법을 지지하는 것이 확실했다. 그러나 그는 한 편지에 이렇게 썼다. "나는 와일리 박사에게 걸맞은 공정하고 합리적인 대우가 주어지기를 바랍니다. 그러나 그가 부당한 조치를 행한다는 생각이 들 때는 제 동기가 의심받을지라도 그와의 의견 충돌을 불사할 것입니다."

시간이 지나면서 와일리는 식품의약품법을 눈엣가시로 여기는 세력에 저항하는 데 태프트 대통령이 전임 대통령보다 나은 점이 없다고 결론 내렸다.

이 법이 처음 시행되고 3년이 흐르는 동안, 화학국 조사관들이 수집한 식품 샘플은 수천 개에 달했고, 와일리의 계산에 따르면 그중에서 화학국 화학자들이 적발한 위조식품과 부정·불량식품은 수백 가지나 되었다. 그러나 식품의약품 조사위원회와 렘슨 위원회는 동의하지 않았다. 이들은 윌슨 장관에게 그중에서 극히 일부만 기소할 것을 권고했다. 와일리는 렘슨 위원회의 과학적 조사에 비판적이었다. 그들은 실험 결과 벤조산나트륨과 같은 보존료가 안전하다고 주장하기도 했다.

윌리엄 하워드 태프트 대통령(1857~1930). 이 사진을 찍은 1908년에 대통령으로 선출됐고, 1921년부터 1930년까지 연방 대법원장을 지냈다.

와일리는 자신이 전쟁에서 졌다고 느꼈다. 와일리가 보기에 유해한 식품과 의약품을 생산하고 판매하는 행위는 계속 허용됐고, 부정직한 식품 제조업자들이 활개를 쳤다. 농무부 화학국 국장으로서 와일리의 영향력은 대폭 축소됐다. "식품의약품법은 이해하기 어려운 법이 아니었다. 그런데 쉽게 전복될 수 있는 법이기도 했다." 와일리는 이렇게 평했다.

이 모든 일이 벌어지는 동안에도 앨리스 래키는 와일리에 대한 지지를 아끼지 않았다. 래키는 1906년 식품의약품법을 교묘하게 피해 가려는 기업들을 타도하기 위한 로비 활동을 벌이고, 이 내용을 보고하기 위해 와일리에게 편지를 보내기도 했다. 래키는 특허 의약품 제조사들을 "비열한 악당들"이라고 불렀다.

래키는 와일리가 농무부 내에서 적들과 싸워야 하는 현실에 안타까워했다. "와일리 국장님이 옳습니다. 그리고 미래가 그것을 증명해줄 거예요." 래키는 편지에 이렇게 썼다. "처음부터 소비자의 권리를 옹호해온 사람은 워싱턴에서 국장님 한 사람뿐입니다."

"산들바람 같은 음료"

1911년, 와일리는 거대 부정·불량식품 기업 한 곳이 마침내 법의 심판을 받게 된 것을 보고 용기를 얻었다. 그 회사는 코카콜라였다. 몇 년 동안 코카인과 카페인 함유 음료에 대한 와일리의 걱정은 점점 깊어졌다. 코카인과 카페인은 둘 다 중독성 물질이었다. 와일리는 독약 구조대 조사 활동 예산이 삭감되기 전 탄산음료에 대한 임상 실험을 진행할 계획이었다.

코카콜라사는 1903년부터 자신들의 특별한 제조법에서 코카인을 제외한 상태였다. 물론 와일리도 이 점을 알았지만, 코카콜라에 여전히 카페인이 함유돼 있어 습관성 음료로 자리 잡을까 봐 우려했다. 코카콜라는 미국에서 가장 인기 있는 탄산음료로 아이들도 자주 마셨기 때문에, 와일리는 조치가 필요하다고 생각했다.

와일리는 지치지 않고 이 안건을 윌슨 장관에게 들이밀었다. 결국 윌슨 장관이 항복했다. 미국 정부는 유해물질(카페인)을 첨가한 부정·불량음료를 생산한 혐의로 코카콜라에 소송을 제기했다. 코카콜라가 기소된 데는 이뿐만 아니라 허위 표시 혐의도 있었다. 코카콜라에는 코카 잎에서 추출되는 코카인이 전혀 들어 있지 않고, 콜

1900년대 초 이 광고를 보면, 사람들이 탄산음료 가게에서 코카콜라를 마시고 있다. 처음에 코카콜라는 코카인을 함유하고 있었으며, 피로를 풀고 두뇌 활동을 활성화시켜주는 강장제로 팔리기 시작했다. 그러다 1903년에 코카인 성분을 빼고 모든 연령이 즐길 수 있는 청량음료로 홍보 전략을 바꿨다.

라너트(콜라나무의 씨앗)에서 추출되는 콜라도 거의 들어 있지 않았다. 그럼에도 불구하고 코카콜라라는 이름을 사용해 소비자들이 코카와 콜라가 들어 있다고 믿게 만든다는 것이었다.

코카콜라는 주요 제조 시설이 있는 테네시주 채터누가에서 재판에 회부됐다. 1911년 3월, 3주에 걸쳐 재판이 진행되는 동안 카페인을 연구해온 과학자와 의사들이 법정에 나와 증언을 했다. 와일리는 관련 실험을 한 적이 없었기 때문에 증인으로 나서지 않았다. 하지만 당시 막 결혼한 아내 안나와 함께 재판에 참석했다.

정부 측 전문가 증인들은 카페인이 인체에 미치는 영향을 설명하며 코카콜라에 반대되는 증언을 했다. "카페인이 습관성 약물이라는 데는 의심의 여지가 없습니다. 사람들에게 반복적으로 섭취하고자 하는 욕구를 형성시키지요." 전 미국의학협회 회장이 말했다.

다른 증인들도 카페인이 소화 장애를 일으키고 심부전을 일으킬 가능성이 있다고 진술했다. 하버드 대학교 약리학과 교수는 코카콜라 여덟 잔에 함유된 카페인은

73kg의 남성을 사망에 이르게 할 수 있는 수준이라고 말했다.

전문가들의 증언 뒤, 코카콜라 측 변호사는 판사에게 사건의 기각을 요청했다. 그는 코카콜라가 제조법 외 다른 것을, 특히 카페인을 따로 첨가했다고 볼 수 없다고 주장했다. 카페인을 비롯해 제조법의 모든 성분 덕분에 코카콜라는 특별한 음료가 됐고, 대중에게 널리 알려졌다. 따라서 불순물을 섞고 허위 표시를 했다는 혐의를 받을 이유가 없다는 주장이었다(카페인은 원래부터 코카콜라 제조법의 일부이므로 첨가한 불순물로 볼 수 없고, 상표명 코카콜라의 콜라—콜라너트—는 카페인의 원료를 뜻한다. 따라서 이미 상표명에 카페인이 함유돼 있음을 알렸기 때문에 허위 표시가 아니라는 주장이다_옮긴이).

판사는 이에 동의하고 사건을 기각했다.

정부는 상급 법원에 항소했고, 수년간의 법정 다툼 끝에 코카콜라는 자신들의 제조법에서 카페인 함량을 줄였지만, 완전히 제외하지는 않았다.

이 일도 와일리에게 커다란 실망을 줬다. 와일리는 청량음료에 들어 있는 카페인이 건강에 큰 위협이 된다고 생각했다. "머지않아 우유 판매업자들도 카페인을 약간 첨가하면 우유가 훨씬 불티나게 팔릴 거라는 걸 알게 될 거네." 와일리는 〈콜리어스 위클리〉 편집인인 친구 노먼 햅굿에게 보낸 편지에 이렇게 썼다. "그러다가 빵이며 고기며 온갖 음식에 들어가겠지. 이번 판결은 우리가 일상적으로 약물 중독 위험에

1910년 여름, 코카콜라 광고. 무더운 여름 열기를 날리는 "산들바람 같은 음료"라는 문구가 들어 있다.

1912년 6월 21일부터 신문에 게재된 광고를 보면, 채터누가 재판에서 '혐의를 벗은 소식'을 알리는 내용이 포함돼 있다.

노출되도록 수문을 활짝 열어준 것이나 다름없어."

화학국을 떠나다

1912년 초, 와일리는 좌절하고 말았다. 윌슨 장관을 비롯해 루스벨트와 태프트 두 대통령은 식품의약품법을 시행할 수 있는 그의 능력을 완전히 빼앗았다. 와일리는 이들이 일반 대중보다 식품 제조업자들의 이익을 우선시한다고 느꼈다.

이때 인기 여성 잡지 〈굿 하우스키핑Good Housekeeping〉이 와일리를 영입하기 위해 현재 급료의 두 배를 제안했다. 와일리는 귀를 기울일 수밖에 없었다. 이제 와일리에게는 부양해야 할 가족이 있었다. 더군다나 아내가 첫아이를 임신한 상태였다.

〈굿 하우스키핑〉 편집인이 되면, 〈굿 하우스키핑〉 소비재 실험실에서 식품과 의약품을 자유롭게 연구할 수도 있을 터였다. 와일리는 정부에 계속 몸담는 것보다 민간 시민이 되면 더욱 많은 것을 성취할 수 있을 거라는 판단이 섰다. 농무부 화학국을 떠날 때가 된 것이다.

1912년 3월 15일, 와일리는 윌슨 농무부 장관의 사무실을 찾아가 사직 의사를 밝혔다. 자신이 사직하는 이유를 대중에게 공표해야겠다고 결심한 와일리는 사직서를 언론사에도 보냈다. 미국 전역의 신문들이 이 내용을 보도했다.

와일리는 미국 정부를 거침없이 비판했다. 와일리는 화학국의 노력에도 불구하고 루스벨트 행정부는 물론 태프트 행정부도 식품의약품법을 시행하려는 의지를 보이지 않았다고 불만을 토로했다. "식품의약품법의 근본 원칙들이 차례차례 평가 절하되거나 무력화되는 것을 목격했다." 와일리는 계속해서 "결국 비밀스럽게 나의 파멸을 계획하는 사람들과 매일같이 마주해야 하는 현실에 처했다"라고 썼다.

와일리는 1883년부터 1912년까지 화학국을 이끌었다. 그는 자신을 정부 관료가 아닌 과학자로 여겼다.

하비 와일리는 29년간 화학국을 이끌었다. 그는 나중에 이 시절에 대해 이렇게 회고했다. "나는 처음부터 마지막까지 계속해서 싸움의 현장에 있었다. 그러나 나는 늘 옳다고 믿는 것을 실천했고, 착실하게 앞으로 나아갔으며, 대개 승리했다."

와일리는 화학국 국장으로 지낸 마지막 5년 동안 주요 싸움에서 패했다. 하지만 와일리가 1883년부터 돌봤던 화학국은 훗날 와일리가 상상도 하지 못한 수준으로 성장하게 된다.

와일리의 가족

안나 캠벨 켈턴Anna Campbell Kelton(1877~1964)이 스물한 살이던 1898년에 찍은 사진. 와일리가 안나를 처음 만난 것은 안나가 화학국에서 와일리의 비서로 2년간 일할 때다. 와일리가 청혼했으나 안나는 나이가 너무 많다는 이유로 거절하고, 의회도서관으로 일자리를 옮겼다. 와일리는 이 사진을 늘 손목시계에 넣고 다녔고, 10년 후 마침내 안나가 와일리의 청혼을 받아들였다. 두 사람은 1911년 2월 27일 각각 66세, 33세의 나이로 결혼해, 테네시주에서 열린 코카콜라 재판에 참석하며 신혼여행을 보냈다. 여성 단체 지도자였던 안나는 순수식품법 운동에 와일리만큼이나 헌신적이었다.

1912년, 와일리가 〈굿 하우스키핑〉 편집인이 된 뒤 자택에서 찍은 사진.

1914년, 안나(왼쪽에서 두 번째)가 다른 여성들과 함께 백악관을 방문했을 때 찍은 사진. 안나는 여성클럽총연합과 여성 참정권 운동에 적극적으로 참여했다. 안나가 와일리와 결혼하자, 여성참정권협회Woman Suffrage Association에서 함께 활동하는 한 친구가 축하장을 보냈다. "남편이나 그 어떤 남성을 위해서도 네가 자신의 원칙을 포기하는 일은 없을 거라고 믿어." 그녀의 믿음은 옳았다. 안나는 1917년 11월에 전국여성당National Woman's Party 여성들과 함께 백악관 앞에서 여성 참정권을 요구하며 피켓 시위를 벌이다 체포됐다. 안나가 들고 있던 피켓에는 "대통령님, 여성은 자유를 위해 대체 얼마나 더 기다려야 합니까?"라고 써 있었다. 와일리는 아내의 활동을 적극적으로 지지했으며, '여성 참정권을 옹호하는 남성 연맹Men's League for Woman Suffrage' 초대 회장을 역임했다.

1916년에 찍은 가족사진. 안나가 아이들과 포즈를 취하고 있다.

와일리와 안나는 슬하에 두 아들을 두었다. 1912년에 하비 주니어(위 사진 속 인물), 1914년에 존이 태어났다. 하비 주니어가 태어나자 기자들은 '순수식품 아기'라고 불렀다.

CHAPTER 7

미스터 붕사

인류의 행복과 안녕을 염두에 두지 않는 과학은 목적을 이룰 수 없을 것이다.
_하비 와일리

와일리의 사임에 대한 대중의 반응은 엇갈렸다.

뉴욕주 일간지 〈버펄로 쿠리어Buffalo Courier〉는 다음과 같은 헤드라인을 달았다. "주방의 파수꾼 29년 만에 사임, 도탄에 빠진 여성들."

많은 신문이 농무부의 작동 방식을 꼬집으며 와일리를 고립시킨 농무부를 비난했다. 〈콜리어스 위클리〉는 다음과 같이 썼다. "농무부의 조직 체계는 실로 엉망진창이다. 무능으로 가득한 데다, 정치적 외압에 굴복을 일삼는다. 식품의약품법 시행에 대한 의지가 없고, 겉치레만 요란하며 악폐 척결을 꺼린다." 그러면서 윌슨 장관을 사퇴시켜야 한다고 촉구했다.

이에 동의하지 않는 신문들도 있었다. 유타주의 〈솔트레이크 헤럴드리퍼블리컨Salt Lake Herald-Republican〉은 와일리의 사임에 대해 이렇게 평했다. "와일리는 농무부 내 끊임없는 마찰의 원흉이었다. 그가 은퇴해

Women Weep as "Watchdog of the Kitchen" Quits After 29 Years

〈버펄로 쿠리어〉 1912년 3월 16일 자 헤드라인.

와일리가 화학국에서 사임했을 때 〈워싱턴 스타Washington Star〉 1912년 3월 17일 자에 실린 카툰. 와일리는 이 카툰을 소중하게 여겼다.

서 다행이다."

와일리의 오랜 협력자 앨리스 래키는 태프트 대통령에게 편지를 보냈다. "와일리의 사임은 식품의약품법에 대한 돌이킬 수 없이 큰 타격입니다."

태프트 대통령은 와일리의 사임에 별다른 유감을 느끼지 않았다. 사적인 편지에서 와일리가 "순수식품의약품법 위반자를 색출하는 데는 더없이 성실한 검찰관"이었지만, 와일리의 행동은 "거듭 불화와 부조화를 초래"했다고 쓰기도 했다.

탈당

와일리는 시어도어 루스벨트 전 대통령에 대한 부정적 감정을 끝내 극복하지 못했다. 와일리는 루스벨트가 식품의약품법 제정에 대한 공로를 인정받는 것이 못마땅했다. 루스벨트가 제3당인 불무스당Bull Moose Party를 창당해 1912년 다시 대통령 선거에 출마하자, 루스벨트를 뒷받침하는 세력은 그가 식품의약품법의 열렬한 지지자였다고 주장했다. 와일리를 비롯해 식품법 제정을 위해 노고를 아끼지 않은 다른 식품법 옹호자들이 볼 때 루스벨트는 의회에서 식품법 법안이 통과되는 마지막 순간까지 아무런 노력도 기울이지 않았다.

와일리는 루스벨트도 태프트도 식품의약품법이 시행될 수 있도록 충분한 지원을 하지 않았다고 생각했다. 1912년 대선 레이스가 시작되자, 평생 공화당원이었던 와일리는 재선에 도전한 태프트에게 등을 돌렸다. 대신, 식품의약품법의 철저한 이행을 공약한 민주당 후보 우드로 윌슨Woodrow Wilson을 지지했다.

와일리는 사비를 들여가며 윌슨을 위한 선거 운동을 했다. 선거일을 한 달여 앞두고 와일리는 인디애나주에서 지지 연설을 하며 이렇게 말했다. "시어도어 루스벨트가 다시금 최고 통치자가 되어 인간성에 반하는 이러한 범죄가 계속될 가능성을 생각하면 그다지 열광할 수 없는 것은 당연합니다."

1912년 3월, 켄터키주 〈루이빌 포스트Louisville Post〉에 실린 한 카툰. 와일리가 정부를 떠난 뒤 화학 첨가물들과 엉터리 의약품 제조업자들이 축하 파티를 하는 모습이다.

태프트에 대해서도 비판했다. "우리는 말이 아니라 그들이 내놓은 열매를 보고 사람을 판단해야 합니다. 태프트 행정부가 내놓은 열매는 얼룩덜룩하고 벌레 먹고, 속까지 전부 썩어 있습니다."

윌슨은 대선에서 승리해 대통령이 되었다. 그러나 공약을 지키지 않았다. 와일리는 분통을 터트릴 수밖에 없었다.

와일리의 조언

정부를 떠난 와일리는 〈굿 하우스키핑〉 소비재연구소의 '식품, 위생, 건강 담당실' 실장으로서 훨씬 즐거운 생활을 했다. 1916년에 와일리는 이렇게 썼다. "안전하고 오염되지 않은 순수식품을 향한 나의 싸움을 계속할 기회가 무제한으로 주어지는 우호적인 환경이었다. 내 뒤통수를 치고 배신할 적이라곤 찾아볼 수 없었다."

이 실험실에서 와일리는 음식, 음료, 특허 의약품, 화장품의 화학적 구성 성분을 분석했다. 그리고 그 결과를 바탕으로 제품의 품질과 안전성을 평가하고 등급을 매겼다. 제품의 성분이 제조업체가 광고를 통해 홍보하는 효과를 실제로 지녔는가? 분석 결과 "유해물질 없음"으로 확인되지 않은 제품은 광고를 싣지 못하게 했다. 테스트를 통과한 제품은 다른 생활용품들과 마찬가지로 〈굿 하우스키핑〉의 승인을 받았다는 의미로 '굿 하우스키핑 실seal'을 획득했다.

월간 칼럼에서는 미국 여성들에게 조언을 했다. 와일리는 가정에 필요한 음식과 의약품에 관한 대부분의 결정을 여성이 내린다는 사실을 잘 알았다. 와일리는 이 칼럼에서 약물 남용과 중독에 대해서도 논했다. "아편, 모르핀, 코카인뿐 아니라 알코올, 카페인 등 해로우며 습관적 섭취를 유발하는 모든 물질이 마찬가지다. 우리가 미국인 특유의 '뭔가 먹어야 하는' 습관을 버리기를 간절히 바란다."

와일리는 여성들에게 안색이나 모발에 놀라운 효과를 일으킨다는 화장품 광고를 경계하라고 충고했다. "유해성을 지닌 제품은 거의 없지만, 대부분 효과가 없고,

1912년 4월, 한 잡지 표지에 와일리가 계속해서 부정·불량식품 및 의약품에 맞서 싸우는 모습이 담겼다. 다음과 같은 설명이 달렸다. "이제 레드패스 뷰로Redpath Bureau(강연, 토론 등을 제공한 사설 문화 단체_옮긴이) 가족이기도 한 하비 W. 와일리 박사는 현재 아무런 방해 없이 부정·불량식품을 뒤쫓고 있다." 이 잡지는 와일리의 강연을 수차례 후원한 단체가 발행한 것이다.

터무니없이 비싸며, 불가능한 주장을 하고 있다." 속눈썹과 눈썹이 길어진다고 광고하는 제품이 있었는데, 와일리의 〈굿 하우스키핑〉 실험실에서는 이 제품이 감귤류 향을 첨가한 바셀린으로 구성돼 있다는 사실을 밝혀냈다. "30g에 1달러는 바셀린 연고의 가격으로 다소 비싼 것 같다." 와일리는 이처럼 재치 있게 쓰기도 했다.

와일리는 건강한 생활양식을 확산시키기 위한 운동도 멈추지 않았다. 한 인터뷰에서 이렇게 말했다. "음식을 사는 데 부족함이 없는 거의 모든 미국인이 과식하고 있다. 우리는 먹는 것도, 굶는 것도, 담배를 피우고, 마시고, 놀고, 일하는 것도 모두 극단적으로 한다. 국가 전체가 이 문제로 고통받고 있으며, 지혜롭게 대처하지 않으면 더 큰 고통을 겪게 될 것이다."

〈굿 하우스키핑〉 실험실에서 담배의 안전성을 검사한 적은 없지만, 와일리는 숙련된 의사로서 관찰한 결과를 근거로 흡연에 대해 확고한 견해를 가지고 있었다. 1924년, 와일리는 담배가 암을 유발하며, 여성 흡연자 수가 남성 흡연자 수만큼 많으면 여성의 암 발병률도 높을 거라고 독자들에게 경고했다.

이후 수십 년간 폐암으로 인한 사망자 수가 급증하고 과학적 증거가 뒷받침되면서 다른 사람들도 담배와 암의 관련성을 인지했다. 와일리가 세상을 떠나고 한참 지난 1952년, 〈굿 하우스키핑〉은 담배 광고를 더 이상 싣지 않기로 결정했다. 그리고 1964년에야 미국보건총감U.S. Surgeon General은 흡연의 위험성에 관한 공식 보고서를 발표했다.

펜을 이용한 복수

와일리는 80대가 돼서도 〈굿 하우스키핑〉에서 왕성한 활동을 이어갔다. 3km를 걸어서 출근해, 날마다 12시간 이상 근무했다. 와일리는 〈굿 하우스키핑〉에서 맡은 책무 외에도, 건강과 식단에 관해 미국 전역을 돌며 강연을 펼쳤다. "일한다고 죽는 사람은 없어요. 하지만 무기력하게 멈춰서 녹슬면 수십만 명이 죽습니다." 와일리가 어느 기자와의 인터뷰에서 한 말이다.

1929년, 여든네 살이던 와일리는 《식품법에 반대하는 반도덕 행위의 역사The History of a Crime Against the Food Law》를 출간했다. 이 책에서 와일리는 농무부와 의회 내 자기 반대 세력이 1906년 식품의약품법 집행을 어떻게 방해했는지 낱낱이 서술했다. 세월이 흐르는 동안 대다수 기업이 논란이 있는 물질을 배제하기 위해 생산 방식을 바꿨다. 포름알데히드, 살리실산, 붕사는 더 이상 식품 보존료로 사용할 수 없었다. 그러나 벤조산나트륨은 계속해서 허용됐고, 와일리는 이 사실을 고통스러워했다.

와일리는 사카린도 금지되기를 바랐다. 농무부는 기업들이 식품 제조 과정에서 사카린을 설탕 대체재로 사용하는 것을 중단시켰는데, 몸에 해로워서가 아니라 영양가가 부족하다는 이유였다. 사카린은 여전히 소비자가 구매할 수 있는 품목이었다. 제1차 세계대전 때는 설탕이 부족했기 때문에, 가공식품에 대한 사카린 첨가 금지 조치가 해제되기도 했다.

1926년 6월 30일, 와일리(오른쪽)는 앨리스 래키와 함께 뉴욕에서 식품의약품법이 법제화된 날을 기념했다. 왼쪽 인물은 케이크를 만든 사람이다. 케이크 아랫단에는 1926년 당시 82세이던 와일리의 나이를 상징하는 82개의 초가, 윗단에는 식품의약품법이 생긴 지 20년이 된 것을 기념하는 20개의 초가 꽂혀 있다. 그리고 커다란 장식용 초 하나가 맨 위에 꽂혀 있다.

책에서 와일리는 1906년 식품의약품법 통과를 막기 위해 갖은 수를 쓴 바로 그 기업들에 하나같이 굴복했다며, 시어도어 루스벨트 전 대통령과 이후 모든 대통령을 비난했다. “애초에 정해진 대로 화학국이 법 집행을 담당했더라면 우리의 식품과 의약품은 진작에 모든 형태의 부정·불량식품 제조와 허위 표시에서 완전히 벗어났을 것이다. 그리고 이는 우리 국민의 건강 증진과 수명 연장으로 이어졌을 것이다.”

와일리는 85번째 생일을 일주일 앞둔 1929년 10월까지도 〈굿 하우스키핑〉에서 활동을 계속했다. 얼마 지나지 않아 와일리는 독감 합병증으로 위중한 상황을 겪었다. 그럼에도 자서전 집필 활동을 몇 달 동안 계속했다. 이때 와일리는 자신이 아직 은퇴했다고 생각하지 않는다고 썼다.

그러나 그의 건강은 악화됐다.

와일리는 전 생애에 걸쳐 언제나 자신이 원하는 바가 무엇인지 알았고, 그것을 이루기 위해 지치지 않고 일했다. 와일리는 죽음에 대해서도 똑같이 생각했다. 그는 생애 마지막 해에 이렇게 썼다. “만약 죽음이 내 뜻대로 되는 것이라면 나는 자정이 되기 1분 전에 죽기를 택하겠다. 그러면 세상에서 보내는 마지막 날도 하루를 꽉 채워 일할 수 있을 것이다. 어떻게 죽을지에 관한 선택권도 있다면, 심장마비나 뇌졸중으로 빠르게 죽음을 맞이하는 편이 좋겠다.”

와일리는 자신의 바람을 거의 다 이뤘다.

1930년 6월 30일 이른 아침, 워싱턴에 있는 자택에서 하비 와일리의 심장이 멈췄다. 그날은 식품의약품법이 제정된 지 24주년이 되는 날이었다. 이렇게 ‘미스터 봉사’는 세상을 떠났다.

가족과 친척들, 정부에서 함께 일한 많은 친구가 모이고, 나팔수의 진혼곡 연주가 울려 퍼지는 가운데 와일리는 알링턴 국립묘지Arlington National Cemetery에 묻혔다. 그의 묘비명 아래에는 ‘순수식품법의 아버지’라고 새겨졌다.

순수식품이라는 대의를 향한 그의 헌신을 기리며 찬사가 쏟아졌다. 〈워싱턴 포스트〉 사설에는 이런 헌사가 실렸다. “그의 노고가 있었기에 미국인은 건강과 행복을 누리며 더욱 긴 일생을 살게 됐다.”

독약 구조대 실험 시절 와일리의 조수였던 W. D. 비글로는 이렇게 썼다. “그는 분명히 해야 할 일을 함으로써 대중에게 봉사했을 뿐만 아니라, 우리 사회에 필요한 더 많은 일이 무엇인지 대중이 깨닫게 해주었다.”

와일리의 생애 막바지 모습. 와일리는 1930년 6월 30일, 식품의약품법이 서명된 기념일에 세상을 떠났다.

CHAPTER 8

기적의 방사능

라듐은 무수한 질병을 호전시키고 완치하는 데 효과가 있습니다.
이미 수천 명의 사람이 경험하고 있습니다.
_1923년 '라듐 배스 콤파운드Radium Bath Compound' 광고

와일리는 식품의약품법을 제대로 시행하지 않은 정부 관계자들을 비판했다. 한편, 이 법 자체의 결함을 깨달은 사람들도 있었다. 와일리가 사망하기 전에도 이 법을 개정하려는 움직임이 있었다. 1912년을 기점으로 의회에서 포장 식품과 특허 의약품에 더욱 엄격한 잣대를 들이미는 내용의 개정안들이 통과되기 시작했다.

1927년, 의회는 1906년 식품의약품법 시행 권한을 농무부 산하 신설 부서인 '식품의약품농약청Food, Drug, Insecticide Administration'으

1923년, 월터 캠벨(1877~1963)이 농무부 자기 책상에서 찍은 사진. 숙달된 변호사였던 캠벨은 1907년에 수석 조사관으로서 화학국 근무를 시작했다. 그는 FDA 전신이 되는 기관에서 1921년부터 1924년까지, 그리고 1927년부터 은퇴하는 1944년까지 수장을 맡았다.

로 이관했다. 그리고 1930년에 현재 우리가 알고 있는 미국 식품의약국U.S. Food and Drug Administration, FDA으로 이 기관의 이름이 바뀌었다. 식품의약품농약청을 이끈 인물은 1907년에 와일리가 수석 조사관으로 임명한 바 있는 켄터키 변호사 출신 월터 캠벨이었다.

가짜 잼

캠벨이 예상했듯, 개정안들은 기존 식품의약품법이 지닌 문제를 해결하는 데 충분하지 않았다. 와일리가 강하게 반대했던 보존료를 첨가하는 식품 제조업체는 줄어들었지만, 제품을 속여 팔고 부당 이득을 취하려는 업체들은 손쉽게 법망을 피했다. 업체들은 새로운 식품이나 의약품 판매를 시작하기 전에 FDA 승인을 받을 필요가 없었다. 부정·불량 상품을 찾아내고 조치하는 일은 온전히 정부의 몫이었다.

'브레드 스프레드Bred Spred' 사례가 당시 식품의약품법의 약점을 잘 보여준다. 고급 잼처럼 보이도록 브레드 스프레드는 잼을 유리병에 넣고 과일 그림이 그려진

브레드 스프레드의 유리병을 보면 영락없이 딸기잼이 담겨 있는 것 같다. 그러나 실제 내용물은 딸기가 들어 있긴 한 건지 알 수도 없는, 소비자를 속이려는 의도로 생산된 모조품이었다. 법정에서 FDA는 1906년 식품의약품법에 의거해 브레드 스프레드의 판매를 중단시키려 했으나 실패했다. FDA는 사진의 기만적인 라벨을 달고 식초를 가장하고 있는 제품과, 땅콩이 거의 들어 있지 않은 땅콩버터의 판매를 금지시키려 했으나, 마찬가지로 성공하지 못했다. 이 세 가지 모두 상품명이 진짜와 다른 데다, 라벨 어디에도 진짜라고 주장하는 내용이 없었기 때문에 슈퍼마켓에서는 계속 판매됐다.

1920년경, 화학국 실험실에서 화학자들이 각종 음료를 분석하는 모습. 농무부 조직 개편이 여러 번 단행된 뒤 1930년에 미국 식품의약국FDA이라는 새로운 부서가 1906년 제정된 식품의약품법의 시행을 담당하게 된다.

라벨을 붙여서 팔았다. 소비자들이 보기에 브레드 스프레드는 진짜 잼 같았다. 그런데 아니었다. 유리병에 담긴 것은 색소와 향료 범벅으로, 과일은 들어 있다고 볼 수도 없었다.

1920년대 후반에서부터 1930년대 초반에 걸쳐, FDA는 브레드 스프레드가 진짜 잼의 싸구려 모조품이라는 근거로 유통을 중단시키기 위해 노력했다. 그러나 FDA는 법정 다툼에서 지고 말았다. 브레드 스프레드의 제품명이나 라벨 어디에도 잼이라는 말이 없었기 때문이다. 라벨에 허위 표시 내용이 없으므로 법을 위반하지 않았다는 이유였다.

1906년 식품의약품법의 또 다른 부족한 점은 이 법이 위험하고 무용한 의약품 광고를 금지시키지 못했다는 사실이다. 1914년에 도입된 법에 따르면 최소량 이상의 코카인, 아편, 모르핀, 헤로인, 코데인이 함유된 약물은 의사의 처방이 있어야 복용할 수 있었다. 이 법으로 엉터리 의약품에 들어가는 중독성 물질의 양이 줄기는 했지만, 계속해서 미량을 집어넣는 회사들이 있었다.

특허 의약품 제조사들은 전과 다름없이 엉터리 약의 효과를 과장해서 소개하는 기만적인 광고를 실을 수 있었다. 라벨에 치료할 수 없는 질병을 치료할 수 있다고 적시한 경우에만 판매가 제한됐던 것이다. 라디오의 발전으로 기업들은 신문과 잡지에 더해 자신들의 제품을 더욱 널리 홍보할 수 있는 새로운 수단을 얻게 됐다.

진동 치료

1920년대, 새로운 화학물질이 등장했다. 기업들은 앞다투어 특허 의약품, 그리고 1906년 식품의약품법에 따르면 규제 대상이 아니었던 화장품에 이 물질을 집어넣었다. 이 제품들을 구매한 환자들에게서 심각한 부작용이 나타나는 것을 확인한 의사들은 미국의사협회American Medical Association, AMA에 우려를 보고하고, 대중에게 경고했다.

곧 AMA는 실험실을 설립해 중독이나 위해를 일으킬 수 있는 제품이 있는지 분석하기 시작했다. 이 실험실은 병을 진단하고 치료할 수 있다고 홍보하는 의료기기들도 조사했다. 화장품처럼, 이러한 의료기기도 1906년 식품의약품법 규제 대상에 포함되지 않았다. 검사 결과는 소책자와 AMA가 발행하는 주간지를 통해 공개됐다.

1920년대 초, 병든 세포의 진동과 일치하는 전기 파동을 발생시켜 세상에 알려진 모든 질병을 치료할 수 있다고 주장하는 '오실로클래스트Oscilloclast'라는 기계가 출시됐다. 이 기계는 와이어를 이용해 환자와 오실로클래스트를 연결하면 환자에게 전기 파동이 전달되면서 병든 세포를 파괴하고 병을 말끔하게 치유할 수 있다고 홍보했다.

오실로클래스트는 겉모양은 제법 그럴듯했지만, 아무 효과도 없는 엉터리였다.

아이러니하게도, 오실로클래스트의 효력을 확신하는 사람 중에는 소설 《정글》로 식품의약품법이 의회에서 통과되는 데 큰 공헌을 한 업턴 싱클레어도 있었다. 싱클레어는 1922년, 한 잡지에 오실로클래스트를 발명한 앨버트 에이브럼스Albert Abrams 박사를 찬양하는 기사를 실었다. "그는 미래에 인류를 발전시킨 가장 위대한 인물의 반열에 오를 것이다. (…) 이 대단한 과학자에게 나의 사랑과 존경의 찬사를 바친다."

AMA와 의사들, 그리고 수많은 과학자는 오실로클래스트가 사기라는 것을 단번에 알아차렸다. 그러나 FDA에는 오실로클래스트의 판매를 금지할 법적 근거가 없었다.

손목시계 글자판을 칠하던 사람들

1898년에 물리학자 마리 퀴리Marie Curie와 피에르 퀴리Pierre Curie 부부는 라듐radium이라는 원소를 발견했고, 이 공로를 인정받아 1903년에 노벨 물리학상을 공동 수상했다. 1900년대 초, 의사들은 라듐으로 암세포를 죽일 수 있다는 사실을 깨달았으며, 라듐을 환자에게 주사나 일약 형대로 투어하며 탈모에서부터 고혈압에 이르기까지 온갖 질환을 치료하는 데 활용했다.

기업들은 라듐을 음료와 립스틱, 파우더 같은 화장품, 심지어 치약과 사탕을 만드는 데도 이용했다. 광고들은 라듐이 거의 모든 고통을 치료할 수 있다고 추켜세웠다. “시름시름 앓고 계시다고요? 합리적인 가격에 소개해드리는 이 새로운 치료제를 써보기 전에는 낙담하기 이르답니다.” 한 광고의 내용이었다.

라듐이 첨가된 청량음료와 물은 구매자들에게 활력을 선사했다. 라듐 크림은 피부를 훨씬 젊어 보이게 만들어주었다. 라듐 비누는 통증을 없애주었다. 건강 시설들은 방사능 온천을 만병통치 온천으로 홍보했다.

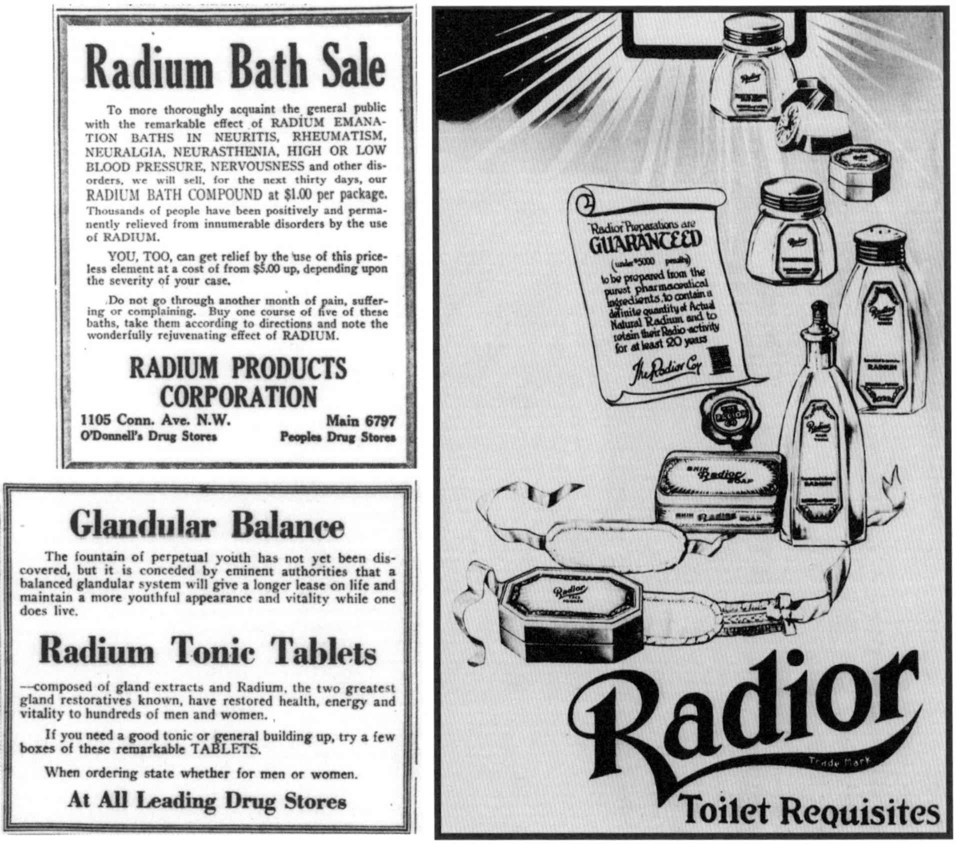

활기를 되찾고 젊어 보이게 만들어준다고 호언장담하는 라듐 알약, 크림, 비누. 라듐 목욕 파우더는 신경증과 류머티즘을 치료해준다고 내세웠다. 이 중 상당수 제품이 가짜로, 라듐이 아예 들어 있지 않거나 극소량만 들어 있어 해롭지는 않았다.

제1차 세계대전 중, 뉴저지주 오렌지에 위치한 기업 '미국 라듐 코퍼레이션U.S. Radium Corporation'은 어둠 속에서 빛나는 손목시계를 생산하기 시작했다. 라듐과 아연 화합물을 섞어 바르면 글자판이 초록색으로 빛났다.

시계 공장에서 일하는 젊은 여성 노동자들은 이 혼합물을 손으로 직접 시계 표면에 칠했다. 한 사람이 칠하는 시계 글자판은 하루에 200개가 넘었다. 이들은 끊임없이 붓 끝을 입술에 갖다 대 뾰족하게 다듬으며 작업을 했는데, 그때마다 라듐이 조금씩 입속으로 들어갔다.

젊은 여성 중 라듐을 경계하는 사람은 없었다. 이들은 손톱과 피부에 라듐을 발랐다. 그러지 않을 이유가 없었다. 당시 라듐은 건강과 활력을 회복시켜주는 기적의 화학물질로 미국에서 대유행하고 있었기 때문이다.

1922년경, 뉴저지주의 미국 라듐 코퍼레이션 공장에서 손목시계 글자판을 라듐으로 칠하고 있는 젊은 여성들.

그러나 마법의 라듐은 체내에서 영원히 빠져나가지 않으며 사람을 죽음에 이르게 하는 살인 물질로 밝혀졌다. 몇 년 지나지 않아 시계 공장에서 일하는 여성 노동자들에게서 여러 증상이 나타났다. 입안에 염증이 생기고 턱뼈가 허물어졌으며 다리와 고관절이 망가졌다. 활력을 되찾기는커녕 이들은 몸이 약해졌다. 1924년까지 이들 중 9명이 고작 20대 나이에 사망했다.

이 사건에 관심을 가진 과학자들이 조사를 시작했다. 그러자 사망자의 뼈에서는 방사선이, 생존해 있는 시계 공장 노동자들의 입김에서는 라듐이 분열할 때 발생하는 가스인 라돈이 검출됐다. 라듐 먼지는 시계 공장을 가득 채우고 모든 곳에 내려앉아 있었다.

마침내 과학자들은 인체가 라듐을 뼈에 축적한다는 사실을 알게 됐다. 라듐이 방출하는 방사선은 뼈를 망가뜨리고 빈혈과 탈진을 유발했다.

신비의 영약

1925년, 라듐의 빛나는 명성은 이미 사라지고 없었다. 화학국(얼마 지나지 않아 FDA가 된다)은 라듐 치료제에 대한 주의를 당부했고, 이제 대다수 의사가 라듐의 위험성을 인지한 상황이었다. 그러나 엉터리 의약품 회사들은 마법의 약을 찾는 귀가 얇은 고객들을 상대로 유해한 제품을 계속해서 판매했다. 1906년 식품의약품법에 따르면 화학국은 이들의 판매를 중단시킬 권한이 없었기 때문이다.

이러한 엉터리 의약품 중에 기적과 같은 치유 효과를 지녔다고 선전하는 '라디도어Radithor'가 있었다. 에벤 바이어스Eben Byers는 이 말을 철석같이 믿었다. 좋은 교육을 받은 중년의 사업가이자 아마추어 골퍼였던 바이어스는 1928년에 고통스러운 팔 부상을 입은 뒤 라디도어를 마시기 시작해, 라디도어 60g이 들어 있는 것을 매일 한 병씩 마셨다. 처음에는 기운이 도는 것 같았다. 그러나 그 느낌은 계속되지 않았다.

두통과 빈혈의 원인이 라디도어일지 모른다는 데 생각이 미쳤을 때는, 이미 너무 늦은 뒤였다. 바이어스는 점점 쇠약해지더니, 신장이 망가지고, 이가 빠졌으며, 마침내 뼈가 으스러졌다. 바이어스가 1932년 3월 51세로 숨진 후 실시된 부검 결과, 그가 시계 공장 노동자들과 똑같은 이유로 사망했음이 밝혀졌다.

추정에 따르면 바이어스는 엑스레이를 수천 번 찍은 것과 맞먹는 양의 방사선에 피폭됐는데, 이는 치사량을 훨씬 웃도는 수준이었다. "사후 그의 뼈가 방사선을 강력하게 내뿜을 것"에 대비해, 위험한 방사능이 외부로 누출되지 않도록 그의 시신은 납으로 된 관에 담겨 안치됐다.

다른 가짜 제품들과 달리 '라디도어'는 라듐이 실제로 함유된 위험한 음료였다.

바이어스의 죽음은 신문의 헤드라인을 장식했다. 〈뉴욕 타임스〉 1면 헤드라인은 다음과 같았다. "51세 저명한 스포츠맨 에벤 바이어스, 라듐 중독으로 사망. 특허 음료를 장기간 복용한 것으로 알려져." 또 다른 신문의 사설은 이렇게 논평했다. "연방식품의약품법은 있으나 마나 한 법 아닌가."

여러모로 사실이었다. 의사와 과학자들은 라듐이 "건강에 해로우며 생명에 치명적"이라는 사실을 알았지만, FDA는 대중에게 주의를 당부하는 것 외에는 1906년 식품의약품법을 근거로 라디도어와 다른 위험한 의약품을 상대로 취할 수 있는 제재가 아무것도 없었다.

라디도어 라벨에는 라듐이 들어 있다고 사실대로 적혀 있었다. 1906년 식품의약품법에 따르면 의약품 제조업체들은 성분에 대한 경고성 문구를 삽입할 의무가 없었다. 라디도어 제조사는 광고를 통해 건강과 관련된 허위 주장을 했지만, 그 내용을

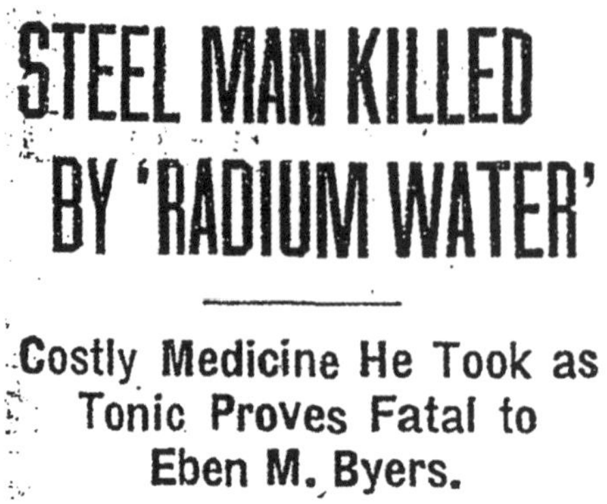
STEEL MAN KILLED BY 'RADIUM WATER'

Costly Medicine He Took as Tonic Proves Fatal to Eben M. Byers.

〈워싱턴 포스트〉 1932년 4월 1일 자 헤드라인. 라듐 중독으로 인한 바이어스의 죽음을 다뤘다.

내용: 철강 사업가, 라듐 강장제로 사망
건강 위해 섭취한 에벤 바이어스의 값비싼 약물이 죽음의 약물로 밝혀져.

제품 라벨에 싣지는 않았다. 마찬가지로 완전히 합법적인 일이었다.

위험한 라디도어가 시중에 유통되는 것을 금지하기 위해서는 다른 정부기관의 도움이 필요했다. '연방거래위원회Federal Trade Commission, FTC'는 과대광고 기업에 대한 기소권을 갖고 있었다. 라디도어 제조사는 자발적으로 생산을 중단해, 처벌을 면했다.

매력적인 속눈썹

1906년 이후, 새로운 화장품이 시장에 쏟아져나왔다. 특허 의약품처럼 이 화장품들도 잡지와 신문에 광고를 게재했다. 여성들은 아무런 의심 없이 광고를 믿었다.

1933년 5월 어느 날, 브라운 부인(신원 보호를 위해 FDA가 채택한 가명)은 머리를 다듬고 꾸미기 위해 미용실에 갔다. 그날 저녁 특별한 행사가 예정돼 있었기 때문이다. 그간 '학부모-교사연합Parent-Teacher Association' 간사로 활동한 공로를 인정받는 자리였다.

미용사는 미모가 한층 더 돋보일 것이라며 눈썹과 속눈썹 염색을 권했다. 브라운 부인이 하겠다고 하자, 미용사는 뷰티업계에서 각광받고 있던 최신 유행 제품인 '래시 루어Lash Lure' 염색약을 가지고 왔다. 제조사는 래시 루어를 쓰면 "자신만의 매력을 뽐낼 수 있다"고 광고하고 있었다.

두 시간에 걸친 시술을 받던 중 브라운 부인은 눈이 화끈거리고 눈물이 자꾸 나는 것을 느꼈다. 그러다가 눈을 뜰 수 없을 정도로 눈이 붓고 앞이 거의 보이지 않는 지경에 이르렀다. 다음 날 아침이 되자 얼굴 전체가 부풀어 있었다. 이후 몇 달 동안 브라운 부인은 지독한 고통 속에서 누워 지내야만 했다. 그리고 안구가 심하게 손상돼, 다시는 앞을 볼 수 없었다.

1년 뒤, 아무것도 모르던 플로리다주의 한 여성도 래시 루어 염색을 했다. 그녀도 똑같은 반응을 나타냈다. 단, 브라운 부인과 달리, 염색을 하고 8일 후에 사망했다.

1933년 5월, 브라운 부인은 미용실에서 래시 루어 염색약으로 눈썹과 속눈썹 염색 시술을 받았다. 두 번째 사진은 그로부터 한 달 후에 찍은 것으로, 안구가 손상됐음을 보여준다. FDA는 래시 루어의 위험성을 알리기 위해 이 포스터를 제작했다.

의사들은 〈미국의학협회 저널〉에 또 다른 사례들도 보고했다. 어떤 여성은 눈이 붓고 고름이 찼는데, 회복되기까지 6주가 걸렸다. 또 어떤 여성은 눈썹과 속눈썹을 염색한 다음 날, 극심한 고통을 호소하며 병원에 실려갔다. 2주간 습포 치료를 받은 뒤 집으로 돌아갔으나, 한 달 동안 시력이 정상으로 돌아오지 않았다.

연구원들은 래시 루어 염색약에 포함된 파라페닐렌디아민이라는 화학물질이 이러한 피해를 일으켰음을 밝혀냈다. 하지만 FDA는 유명무실하게도 이 위험한 염색약 판매를 중단시킬 수 없었다. 래시 루어는 계속해서 미국 전역 미용실에서 사용됐고, 부상자가 끊임없이 발생했다.

코렘루

1930년대, '코렘루Koremlu' 제조사는 제일 잘나가는 여성 잡지들에 이 제모제 광고를 실었다. 코렘루는 확실히 효과가 있었기 때문에 인기를 끌었다. 1년 동안 백화점에서만 12만 개가 팔릴 정도였다.

광고에 따르면 코렘루는 인체에 무해한 제품이었다. 소비자들은 강력한 독성 물질 중 하나인 탈륨이 코렘루의 주요 성분이라는 것을 알 턱이 없었다. 탈륨이 들어 있다는 사실을 라벨에 적시하는 것은 법적 의무 사항이 아니었다. 탈륨은 이미 1800년대 후반부터 치명적이라는 사실이 의학계에 보고돼 있었다. 실제로 탈륨은 1920년대 초반에 쥐약으로 팔리기도 했다.

코렘루가 처음 판매된 것은 1930년 봄이었다. 그로부터 몇 달 지나지 않아 〈미국의학협회 저널〉은 얼굴과 다리, 겨드랑이 털을 제거하기 위해 코렘루를 사용한 여성들이 끔찍한 이상 반응을 겪고 있다고 발표했다. 시야가 흐려지고, 다리와 발에 힘이 빠지고 통증을 느꼈으며, 머리에 바르지 않았는데도 머리카락이 빠졌다. 제모제 사용을 중단한 후 점차 회복한 사람도 있지만, 영구적인 피해를 입은 사람도 있었다.

괴로움에 휩싸인 한 여성은 영부인 엘리너 루스벨트에게 편지를 보냈다. “시력을 잃기 시작했습니다. (…) 만나는 의사마다 제가 시신경 위축을 동반한 구후시신경염에 걸렸는데 치료가 불가능하다고 합니다. (…) 코렘루 크림은 제 눈과 함께 제 인생을 가치 있게 만들던 모든 것을 앗아갔습니다.”

일부 주와 도시에서는 코렘루 판매를 금지했다. FDA는 코렘루의 위험성에 대해 대대적으로 경고했다. 그러나 유해 화장품 유통을 금지할 수 있는 법적 근거가 없어, 코렘루가 지속적으로 팔리는 것을 바라볼 수밖에 없었다.

사람들이 죽고 병에 걸리는 상황이었지만, 이들 기업에 대한 소송도 해당 사업자의 제조 및 판매 행위를 일시적으로만 중단시킬 뿐이었다. 이들은 다른 사업을 시작하면 그만이었고, 곧 전과 같은 수익을 올렸다.

《1억 명의 기니피그》

1933년, 한 소비자 보호 단체 멤버 두 사람이 《1억 명의 기니피그 100000000 GUINEA PIGS》라는 책을 냈다. 아서 캘릿Arthur Kallet과 F. J. 슐링크F. J. Schlink는 미국인들은 화학 산업의 실험용 기니피그로 전락했으며(1930년도 인구 조사에 따르면 미국 인구는 1억2300만 명), 정부는 손을 놓고 있다고 주장했다.

두 사람은 미국에서 판매되고 있는 위험한 식품, 의약품, 화장품 목록을 공개하며 정부가 기업

1930년 11월, 잡지 〈컨트리 젠틀맨Country Gentleman〉에 처음 등장한 ‘리스테린’ 광고. 당시 리스테린 제조 회사는 구강 청결제, 면도 크림, 비듬 샴푸 등을 팔고 있었다. 1933년에 《1억 명의 기니피그》는 리스테린이 자신들이 파는 구강 청결제가 감기와 인후염을 예방해준다며 과대광고한다고 비난했다. 1970년대 후반, 리스테린의 이러한 주장을 뒷받침하는 증거가 없었기 때문에 광고 규제 담당 기관인 연방거래위원회는 리스테린의 광고를 중단시켰다.

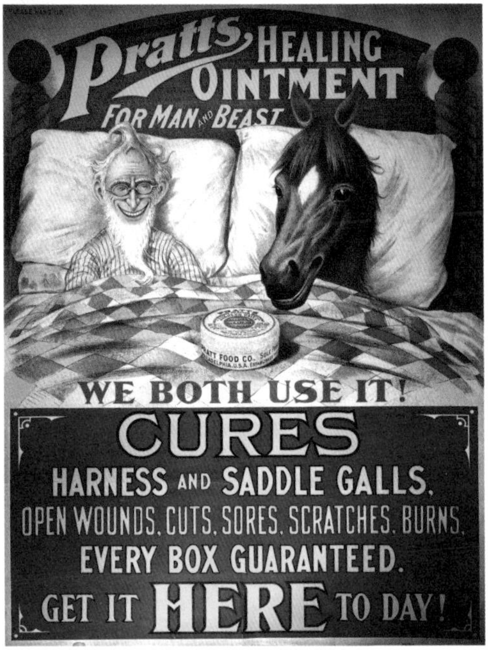

1906년 식품의약품법은 특허 의약품이 허위 주장을 포함한 라벨을 다는 것을 금지시켰다. 포스터의 엉터리 의약품 회사는 라벨 대신 이 포스터와 같이 엽서, 잡지, 신문, 가게 간판 등에 거짓말을 실었다.

내용: 프래츠 힐링 연고, 사람과 가축이 함께 써요! 안장과 마구 때문에 생긴 모든 상처에 잘 듣습니다. 상처, 화상, 염증, 찰과상 치료.

과 정치인들의 입김 때문에 라디도어, 코렘루, 래시 루어 같은 제품들을 규제하지 못한다고 비난했다. 와일리의 지적과 정확히 똑같았다. 제품이 일으키는 악영향이 몇 년 뒤에야 나타나는 경우도 있었다. 이미 수백만 명이 그 제품을 사용한 후에 말이다.

캘릿과 슐링크는 1930년 이후 암 발병률이 증가한 것은 음식과 의약품에 첨가되는 화학물질 때문이라고 주장했다. 그들은 책에서 "이 독성 물질들"은 신장, 위, 창자를 손상시키고, 인체의 질병에 대한 저항력을 낮추며, 우리의 수명을 단축시킬, 심지어 "수십 년" 단축시킬 가능성이 "매우 높다"고 밝혔다.

이 책은 유명 브랜드들도 마찬가지로 유해하고 효과 없는 제품을 버젓이 팔고 있다고 고발했다. 저자들에 따르면, 당시 판매 중이던 '페베코Pebeco' 치약 튜브 한 통에는 세 사람의 목숨을 앗아갈 수 있는 양의 염소산칼륨이 함유돼 있었다.

두 사람은 또 리스테린Listerine 제조사가 리스테린이 감기와 인후염을 예방해준다는 허위 주장으로 소비자를 현혹한다고 비난했다. 리스테린 광고에는 "리스테린을 입에 머금는 순간, 수백만 마리의 세균이 죽습니다"라는 문구가 들어 있었다. 캘릿과 슐링크는 세균학자들의 테스트 결과 리스테린이 일반적인 미생물을 멸균하는 데 그다지 효과가 나타나지 않았다고 썼다.

《1억 명의 기니피그》는 베스트셀러가 됐다. 사람들은 이 책을 읽고 경악을 금치 못했다. 과학자와 의사들이 유해물질로 분류한 성분을 기업들이 여전히 만병통치약과 화장품에 첨가해서 판매하리라고는 생각지 못했기 때문이다. 많은 소비자가 1906년 제정된 식품의약품법에 따라 그러한 행위가 금지됐다고 막연히 믿고 있었던 것이다.

이 책은 정부의 직무유기를 비난했다. 그런데 FDA 수장인 캠벨은 1906년 식품의약품법의 한계로 인해 자신의 손발이 묶여 있다는 사실을 절감하고 있었다. 이 법을 고치고 FDA를 강화하는 데 도움이 된다면 그 어떤 의견도 달가울 수밖에 없었다. 캠벨은 친구에게 이렇게 말하기도 했다. "이 책의 출간 의도대로만 된다면, 누구도 단순한 폭로성 책으로 볼 수는 없을 거야."

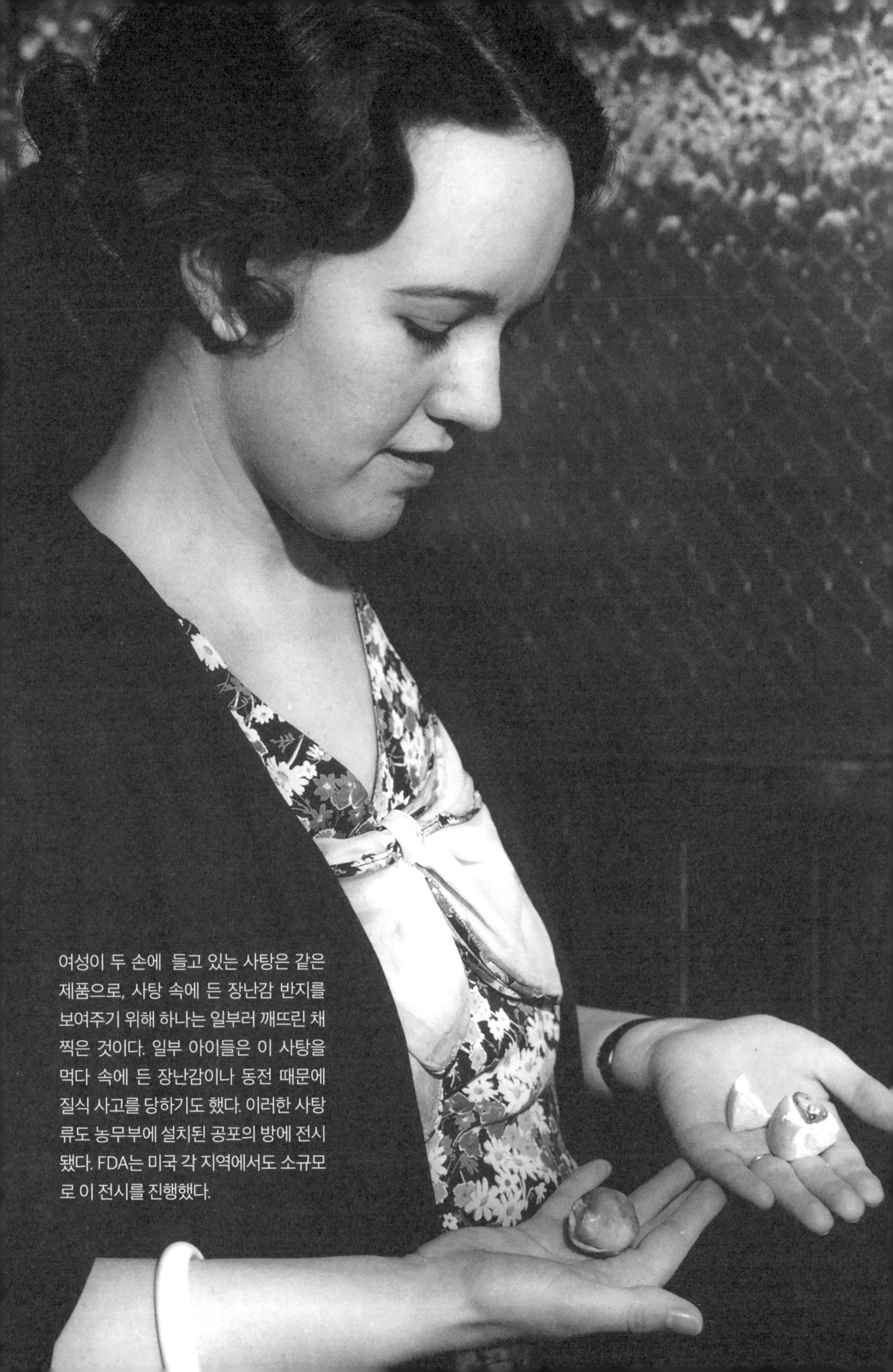

여성이 두 손에 들고 있는 사탕은 같은 제품으로, 사탕 속에 든 장난감 반지를 보여주기 위해 하나는 일부러 깨뜨린 채 찍은 것이다. 일부 아이들은 이 사탕을 먹다 속에 든 장난감이나 동전 때문에 질식 사고를 당하기도 했다. 이러한 사탕류도 농무부에 설치된 공포의 방에 전시됐다. FDA는 미국 각 지역에서도 소규모로 이 전시를 진행했다.

CHAPTER 9

라즈베리 향 감기 시럽

실질적인 개선이 이루어져야 한다.
_프랭클린 루스벨트 대통령

1933년에 캠벨은 1906년 식품의약품법의 전면적인 개정을 촉구했다. 이 법은 허점이 너무 많아 더 이상 미국 대중을 속임수와 위험으로부터 보호할 수 없었다. 그를 비롯해 농무부 직원 여러 명이 새 법안이 의회에 제출될 수 있도록 도왔다.

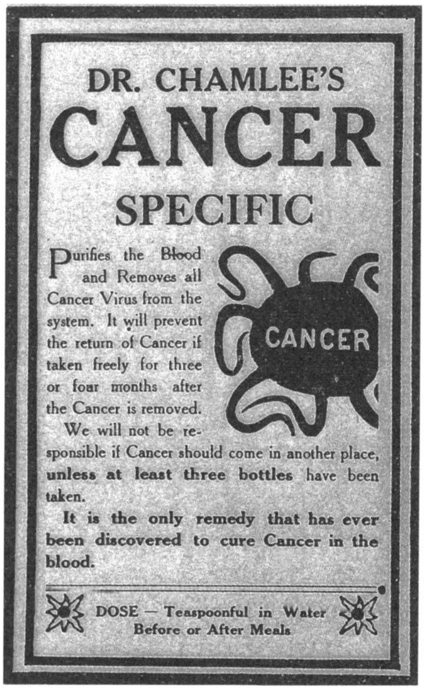

사람들은 엉터리 의약품 회사의 광고만 믿고 병원을 찾아 훨씬 효과적인 도움을 받을 생각조차 하지 않았다. 당시에는 환사들에게 암을 치료할 수 있다며 허황된 약속을 하는 가짜 약이 판쳤다(이 그림은 '챔리 박사의 암 특효약'이라는 암 치료제 광고로, 혈액 정화를 통해 암의 완치 및 재발 방치에 탁월한 효과를 발휘하는 유일무이한 약이라 소개하고 있다_옮긴이).

공포의 전시실

한 상원 위원회가 1906년 식품의약품법을 대체할 새로운 법률 제정에 대한 논의를 시작하자, FDA는 위원회에 정보를 제공하기 위해 특별한 전시실을 마련했다. 미국 전역의 조사관들이 현행 식품의약품법이 제재할 수 없는 상품들의 유해성과 사기성을 알리는 사례들을 전해왔다. 언론은 이 전시실에 '공포의 방Chamber of Horrors'이라는 별칭을 붙였다.

전시의 핵심은 '브레드 스프레드' 같은 모조 식품이었다. 속에 작은 장난감을 감춰 아이들을 질식 위험에 몰아넣은 사탕도 전시됐다. 장난감이 목에 걸린 아이의 엑

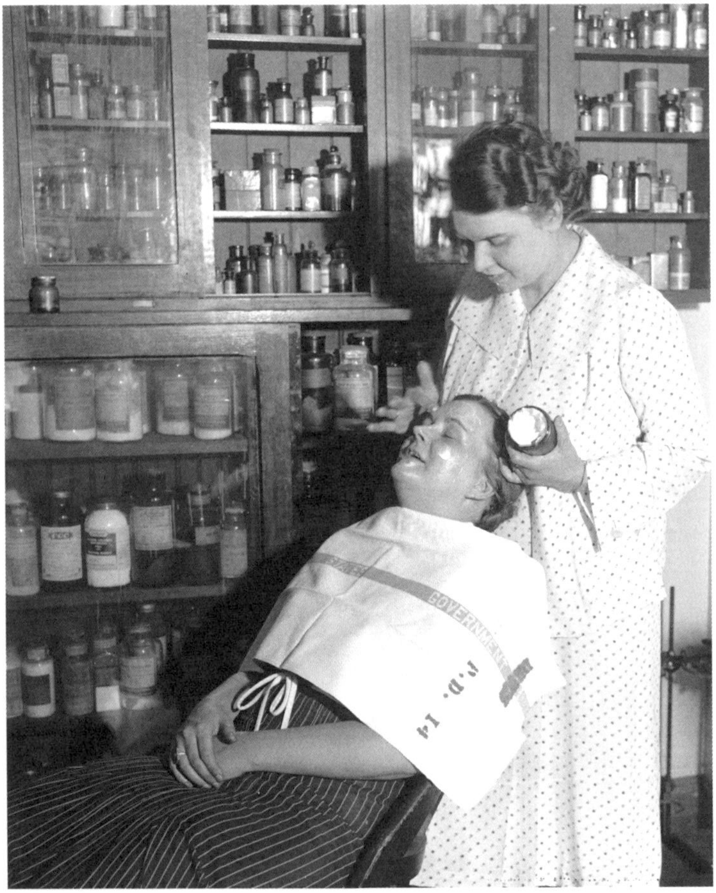

1937년, 농무부에서 얼굴용 크림의 안전성과 효능을 검사하는 모습.

스레이 사진도 있었다. 위험성이 명백한데도 불구하고 FDA는 이 사탕의 판매를 중단시킬 수 없었다.

바닥면을 이중으로 만들어 겉보기에 실제보다 많은 양이 들어 있는 것처럼 속인 식품 용기와 병들도 있었다. 1906년 식품의약품법하에서는 오해의 소지가 있는 포장 용기도 불법이 아니었다.

게다가 1906년에는 화장품이 큰 고려 대상이 아니었다. 그러나 1930년대에 이르자 화장품은 연간 10억 달러 규모의 산업으로 성장했다. FDA는 래시 루어와 코렘루에 관한 기사와 관련 사진을 내놓았다. 전시된 강장제 중 일부는 섭취자를 사망에 이르게 한 것들로, 사망 진단서도 증거로 함께 놓여 있었다. 라디도어로 인한 에벤 바이어스의 비극을 표현한 포스터도 빠지지 않고 전시됐다.

공포의 방 한쪽에는 당뇨, 기관지염, 천식, 관절염, 고혈압, 위궤양, 탈모 등 다양한 질병을 치료하거나 완치시켜준다고 선전하는 수많은 제품 광고가 빼곡히 들어찬 신문도 있었다. 이 가운데 실제로 효과 있는 제품은 하나도 없었다. 대다수 강장제와 크림이 유해 성분을 함유한 것은 아니지만, 사람들이 합당한 의료적 조치를 구하는 대신 이 제품들에 의존했기 때문에 결과적으로 사람들의 건강을 위험에 빠뜨렸다.

공포의 방이 만들어졌다는 소식을 들은 엘리너 루스벨트 영부인은 직접 전시장을 찾아 관람했다. 그리고 정기 인터뷰를 위해 자신의 집무실을 찾은 50명의 기자에게 말했다.

"얼마 전 농무부에 다녀왔습니다." 영부인은 폴더에서 래시 루어 염색약 피해자인 브라운 부인의 섬뜩한 모습이 담긴 사진을 꺼내 기자들이 두루 볼 수 있도록 건넸다. "여성들을 속이고 기만하는 행위는 속히 중단돼야 합니다."

엘리너 루스벨트 영부인은 1906년 식품의약품법을 대체하기 위해 의회에서 논의 중인 법안에 대해 언급했다. "이 나라 모든 여성이 이 법안에 힘을 실어주기를 바랍니다."

프랭클린 루스벨트 대통령(1882~1945)과 엘리너 루스벨트 영부인(1884~1962). 루스벨트 대통령이 대통령으로 당선된 1932년에 찍은 사진이다. 루스벨트 대통령은 11년 전 소아마비로 인한 장애 때문에 보조기를 착용했다. 이 사진에서는 지팡이를 짚고 엘리너 여사의 팔에 의지했다. 엘리너 여사는 식품의약품법 개정을 소리 높여 지지했다.

쥐의 털과 파리 날개

프랭클린 루스벨트 대통령도 의회에 새 법안을 통과시켜달라고 요청했다. 1935년 3월, 의회에 서면 메시지를 보내 1906년 이래 시중에 유통되는 제품에 상당한 변화가 있었음을 고려해야 한다고 말했다. "대부분의 식품 및 의약품 거래 종사자한테는 규제가 필요하지 않습니다. 개정안은 법망을 피해 소비자를 기만하는 소수에게 제재를 가하는 데 초점을 맞춰야 할 것입니다."

식품 제조사와 특효 의약품업체, 광고주 등 1906년 식품의약품법을 반대했던 세력은 이번에 발의된 법안에 대해서도 반대하고 나섰다.

그리고 이전에 와일리 법 통과를 위해 싸웠던 수많은 사람과 소비자 단체, 여성 클럽, 기독교 여성절제연합, 미국의학협회, 학부모와 교사 단체들이 개정안을 지지했다.

심지어 청소년들도 법안을 지지하기 위해 편지를 썼다. 루스벨트 대통령한테 온 편지 중에는 브라운 부인의 열 살 난 딸이 보낸 것도 있었다. "저희 어머니는 사람들이 쓰는 염색약에 더 이상 독극물이 들어가지 않도록, 새로운 법의 통과를 위해 노력하고 계세요. (…) 어머니는 시력을 완전히 잃으셨어요. 이 법이 만들어질 수 있도록 꼭 도와주시길 부탁드립니다."

법안 통과에 힘을 보태기 위해 FDA 교육분과 책임자 루스 디포레스트 램Ruth deForest Lamb은 FDA가 진행했던 전시를 주제로 1936년에 책을 펴내기도 했다. 램은 《미국 공포의 방American Chamber of Horrors》을 새로운 식품법 제정 촉구 운동을 열렬히 벌이고 있는 여성 단체 지도자 21명에게 바친다고 썼다. 그중 한 사람은 고故 하비 와일리의 아내 안나 와일리였다. 안나는 '컬럼비아특별구 여성클럽연합District of Columbia Federation of Women's Clubs'을 대표하고 있었다.

공포의 방에 전시됐던 상품들에 관해 이야기하는 한편, 램은 FDA가 당시 몇 년 사이 적발한 기업들의 악행에 대해서도 다뤘다. 어느 날 깨끗하고 먹을 만해 보이는 버터의 샘플을 조사하던 조사관들은 깜짝 놀랐다. 추가적인 분석을 진행한 결과 버터에는 이런 것들이 들어 있었다. "건초, 닭깃 조각, 구더기, 곰팡이, (…), 메뚜기, 짚 껍질, 딱정벌레, 소·개·고양이와 설치류의 털, 나방, 풀과 그 밖의 식물성 물질, 바퀴벌레, 먼지, 개미, 파리 다리, 부스러진 파리 날개, 금속성 줄밥, 그리고 들쥐와 생쥐를 포함한 다른 동물들의 잔해."

루스 디포레스트 램(1896~1978). 바사 칼리지를 졸업한 뒤 광고업계에서 일하기도 한 그녀는, 1933년에 FDA 첫 교육분과 책임자가 됐다. 사진은 램의 공무원증으로, 이때는 아직 FDA가 연방안전청Federal Security Agency의 일부였다. 오늘날 FDA는 미국 보건복지부 산하 기관이다.

초콜릿 공장으로 배달된 버터 500g에서 조사관들은 한 줄로 세우면 족히 3.5m가 넘을 만큼 많은 양의 구더기를 찾아냈다.

그러나 램의 책에 실린 소름 끼치는 사실들과 FDA 지지자들의 로비는 의회에서 새로운 법안이 통과되는 데 역부족이었다. 반대편의 영향력이 가공할 수준이었던 것이다. 이번에도,

의회 의원들이 마음을 바꾸는 데는 비극이 필요했다.

달콤한 묘약

1930년대 초 과학자들은 술파닐아미드라는 화학물질이 연쇄구균 박테리아 감염을 치료할 수 있다는 사실을 알아냈다. 많은 질병을 치료할 수 있는 경이로운 약이 발견된 것 같았다.

술파닐아미드를 알약 형태로 제조하던 몇 군데 회사 중 하나였던 'S. E. 마센길 컴퍼니 오브 테네시S. E. Massengill Company of Tennessee'는 액상 형태의 약을 팔 수 있는 시장이 있다는 사실을 깨달았다. 그리고 수석 화학자 해럴드 왓킨스Harald Watkins에게 술파닐아미드를 액상 의약품으로 만들 방법을 찾는 일이 주어졌다.

술파닐아미드는 물이나 알코올에 용해되지 않았다. 그래서 왓킨스는 다른 액체를 찾아 나섰고, 마침내 라즈베리 향이 나는 달콤한 분홍빛 혼합물을 개발했다. 마센길 컴퍼니는 이 물약을 '엘릭시르술파닐아미드Elixir Sulfanilamide'('엘릭시르'는 '묘약' 또는 '알코올이 함유된 달콤한 물약'을 가리킨다_옮긴이)라 이름 붙이고, 약이 인체에 해로운지 아닌지 알아보기 위해 별다른 실험을 거치지 않은 채 판매하기 시작했다. 1906년 제정된 식품의약품법에 따르면 굳이 안전성을 입증할 필요가 없었다.

1937년 초가을, 마센길 컴퍼니는 이 새로운 약을 미국 전역으로 실어 날랐다. 병의 라벨에는 약물인 술파닐아미드가 함유돼 있다고 쓰여 있었다. 다른 성분은 하나도 표시하지 않았는데, 물론 적법했다. 의사들은 아이들이 복용하기에 좋은 제형의 약이 등장했다며 달가워했다.

치명적인 과오

한 달이 채 지나지 않아 오클라호마주 털사에서 미국의학협회로 우려스러운 보고가 날아들었다. 엘릭시르술파닐아미드를 복용한 뒤 신부전으로 6명이 사망했다는 것이었다. 미국의학협회는 이 새로운 약에 심각한 문제가 있는 것 같다고 마센길 컴퍼니에 알렸다.

마센길 컴퍼니는 엘릭시르술파닐아미드를 리콜하기 위해 영업 직원 200명을 비롯해 의사와 약사들에게 1000여 건의 전보를 쳤다. 그러나 전보에 리콜을 단행하는 이유에 대한 언급은 없었다. 사망 위험성에 대해서는 알리지 않은 것이다.

그러는 사이 미국의학협회는 라디오와 신문 광고를 이용해 의사들과 일반 사람들에게 엘릭시르술파닐아미드의 위험성을 경고했다.

FDA는 이미 뉴욕의 한 의사에게서 오클라호마주 사건에 대한 소식을 전달받은 상태였다. 캠벨은 곧바로 FDA의 화학자와 조사관 등 가능한 최대 인력을 동원해 조사하라고 지시했다. FDA는 지방 및 주 정부와 협력해, 한 달여 만에 시중에 남아 있던 물량을 전량 추적, 회수했다. 다행히 환자의 손에 넘어간 물량은 미국 전역을 통틀어 12갤런보다 적었다.

FDA가 할 수 있는 일은 더 이상 없었다. 마센길 컴퍼니가 위반한 법률은 허위 표시, 단 한 가지였다. 엘릭시르술파닐아미드에는 알코올이 전혀 들어 있지 않았는데, FDA 규정에 의하면 알코올을 함유하지 않은 제품은 엘릭시르라는 상표명을 달 수 없었기 때문이다. 마센길 컴퍼니는 이에 따라 벌금을 냈다.

엘릭시르술파닐아미드에는 치명적인 화학물질인 디에틸렌글리콜이 들어 있었다.

연구원들은 유해 성분이 무엇인지 밝히기

위해 엘릭시르술파닐아미드를 분석하고 동물 실험을 실시했다. 범인은 해럴드 왓킨스가 술파닐아미드를 녹이기 위해 용매로 사용한 디에틸렌글리콜이었다. 엘릭시르술파닐아미드는 4분의 3이 디에틸렌글리콜이었고, 디에틸렌글리콜은 치명적인 화학물질이었다.

산업 현장에서 유용하게 쓰이는 디에틸렌글리콜은 부동액(자동차 엔진의 과열을 방지하기 위해 사용되는 액체_옮긴이)의 유효 성분과 유사한 화학 구조를 지니고 있었다. 디에틸렌글리콜이 낮은 농도로도 실험용 쥐를 사망하게 했다는 연구 결과가 2건 있었지만, 왓킨스는 이를 알지 못했다.

이미 팔려나간 몇 갤런의 엘릭시르술파닐아미드는 15개 주에서 350명이 복용했다. 대부분 환자가 인후염이나 중이염을 비롯한 각종 질병으로 의사의 처방에 따라 이 독극물을 먹은 것으로 밝혀졌다. 이 가운데 107명이 사망했는데, 34명은 어린이였다.

피해자들은 길게는 3주가량 메스꺼움, 복통, 경련을 겪은 후 신부전으로 고통스럽게 사망했다. 다른 환자들은 처음 이 약을 먹었을 때 구토한 뒤 스스로 복용을 중단해 목숨을 구할 수 있었다.

1939년 1월, 첫 환자가 엘릭시르술파닐아미드를 복용한 지 1년이 지났을 때, 이 약을 발명한 왓킨스는 스스로 총격을 가해 자택에서 숨진 채로 발견됐다. 그의 아내는 그가 총을 닦다 실수로 발사된 것이라고 주장했다. 하지만 사람들은 그가 자기 과오에 따른 죄책감으로 자살한 거라고 생각했다.

격분

구역질 나는 가축 도살장이 대중을 일깨웠듯, 엘릭시르술파닐아미드로 인한 비극은 미국 사회에 경각심을 불러일으켰다. 아이들이 죽은 것이다!

이번 사건으로 여섯 살 난 딸 조앤을 잃고 비탄에 빠진 오클라호마주의 한 어머니는 루스벨트 대통령에게 편지를 쓰기도 했다. “지금도 조앤의 작은 몸이 뒤척이는 모습이 보이고, 고통스러워하며 울부짖던 조앤의 작은 목소리가 들리는 듯합니다. (…) 앞으로는 아이들의 목숨을 빼앗는 이런 약이 팔리지 않도록 금지해주시길 간절히 바라고 또 바랍니다.”

언론은 이 약을 “죽음의 약” “치명적 엘릭시르”라고 불렀다. 사람들은 죽음을 초래할 수 있는 의약품으로부터 아이들을 보호하는 조치가 필요하다고 목소리를 높였다. 재선거가 몇 달 앞으로 다가온 상황에서 유권자들이 격분하자, 의원들은 귀를 기울였다. 의회는 마침내 1906년 식품의약품법을 대체하기 위해 제출된 새로운 법안을 통과시켰다. 그리고 1938년 6월 25일, 루스벨트 대통령은 ‘식품의약품화장품법 Food, Drug, and Cosmetic Act’에 서명했다.

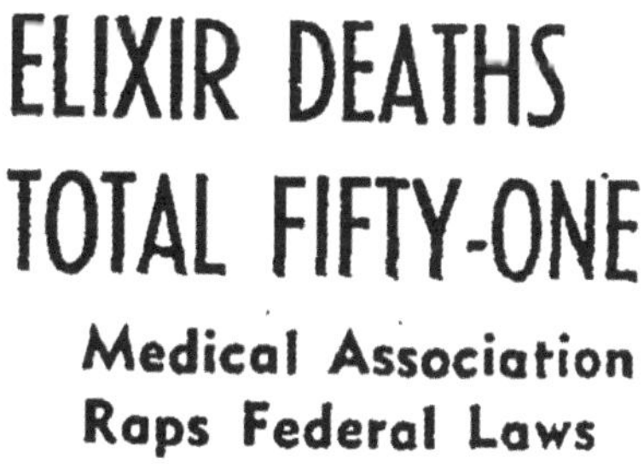
ELIXIR DEATHS
TOTAL FIFTY-ONE
Medical Association
Raps Federal Laws

엘릭시르술파닐아미드로 인한 사망자 수를 정부가 집계하기 전인 1937년 10월 27일 발행된 〈로스앤젤레스 타임스 Los Angeles Times〉의 헤드라인. 100명 이상으로 알려진 사망자의 사망 원인이 결국 엘릭시르술파닐아미드로 밝혀졌다. 미국의학협회는 엘릭시르술파닐아미드가 소비자의 손에 도달하도록 내버려둔 식품의약품법을 비난했다.
내용: 엘릭시르 사망자 총 51명
의학협회, 연방법 맹비난

강해진 FDA

처음으로 화장품과 의료기기도 규제 대상에 포함됐다. 이제 FDA는 효능이 없고 해로운 제품을 몰수할 권한을 갖게 됐다.

화장품 성분은 위생적이며 라벨의 지시에 따라 사용할 때 인체에 무해해야 한다. 그러나 일부 착색료를 제외하면, 제조사들은 제품 판매에 앞서 안전성을 입증할 필요가 없었다. 안전성 검사는 FDA의 몫이었다.

FDA는 탈륨의 유해성 때문에 코렘루 판매를 중단시켰다. 그리고 래시 루어는

지시에 따라 사용할 때 위험했기 때문에 부정·불량 제조 혐의로 기소했다. 파라페닐렌디아민이 함유된 눈썹과 속눈썹 염색약은 판매가 금지됐다. FDA는 또 이 화학물질이 들어간 모든 염색약에 대해 눈 주위에 사용하면 안 된다는 경고 표시 부착을 의무 사항으로 지정했다.

1938년 식품의약품화장품법은 식품 산업에 대한 규제도 확대했다. FDA는 가공식품 내용물과 품질에 대해 더욱 엄격한 기준을 적용할 수 있게 됐다. 브레드 스프레드는 허위 표시 혐의로 적발됐다. FDA 규정에 의해 정해진 성분을 포함하지 않으면서 표준 식품인 잼으로 소비자를 혼동시켰기 때문이다. 잼으로 인정받기 위해서는 과일이 들어 있어야 했다.

이제 제품에 포함할 경우 부정·불량 제조에 해당하는 불순물의 정의에 박테리아, 곤충과 설치류의 잔해, 독성 화학물질도 포함됐다. 그리고 식품·의약품·화장품에 첨가하는 착색료는 반드시 FDA 승인을 받아야 했다.

소비자 단체들은 이러한 변화를 두 팔 벌려 환영했다. 특히 '전국소비자연대Consumers National Federation' 회장 헬렌 홀Helen Hall은 이렇게 밝혔다. "수천 가구, 특히 저소득 가정에 재정과 건강 모든 면에서 엄청난 차이를 가져다줄 것입니다. (…) 이제 소비자들은 불결하고 위험한 제품으로부터 보호받을 뿐 아니라, 이전과 같은 돈으로 더 영양가 있는 식품을 구매할 수 있을 것입니다."

1938년 식품의약품화장품법에는 새로운 의약품 규정도 추가됐다. 의약품 라벨에는 내용물에 함유된 모든 유효 성분과 안전한 복용을 위한 지침이 담겨야 했다. 위험성 있는 제품의 경우에는 경고 표시도 필수였다. 라디도어처럼 지침에 따라 복용했을 때 유해한 결과를 낳는 의약품은 금지됐다.

의약품 회사들은 FDA의 판매 허가를 받기 전에 신약이 안전하다는 증거를 내놓아야 했다. 엘릭시르술파닐아미드의 비극과 같은 일을 막기 위한 규정이었다.

1906년 식품의약품법에 비해 훨씬 개선됐다고는 하나, 1938년 식품의약품화장품법에도 약점이 있었다. 의약품 회사가 신약을 판매하기 위해서는 사전에 FDA에 알려야 하지만, FDA에 주어지는 검토 기간은 고작 60일이었다. 즉, FDA 심사가 완료되지 않더라도 60일이 지나면 신약은 자동으로 승인을 획득하고 판매할 수 있었다.

이 세부사항은 끔찍한 결과를 초래할 수도 있는 것으로 드러났다.

CHAPTER 10

FDA의 감시

눈 깜짝할 사이, 오륙 년 동안 이어지던 의약품법을 둘러싼 공방이 사라졌다.
_프랜시스 켈시

1950년대에 독일의 한 회사가 탈리도마이드라고 불리는 약을 개발해 수면제로 팔았다. 탈리도마이드는 임산부가 복용할 경우 입덧을 완화시키는 효과도 있는 것으로 나타났다. 이 약은 '무독성'이며 '유아에게도 완전히 무해'한 것으로 선전됐으며, 의사의 처방전 없이도 살 수 있었다.

곧 유럽을 넘어 시장을 확대하기 위해 탈리도마이드의 독일 제약사와 미국 수입사는 FDA에 미국 내 판매 허가를 요청했다.

"극찬 일색"

1960년, 프랜시스 켈시 Frances Kelsey 박사는 FDA에 들어가 신약을 검토하는 일을 했다. 그리고 근무를 시작한 지 한 달여 만에, 탈리도마이드의 판매 허가 여부를 결정하는 임무를 맡았다.

켈시는 자격과 경험을 모두 갖춘 인물로, 의학 및 약학박사 학위를 보유하고 있었다. 1937년에는 시카고 대학교 대학원생으로서, 엘릭시르술파닐아미드의 치명적 성분이 디에틸렌글리콜이라는 사실을 밝혀낸 연구팀의 일원이기도 했다.

탈리도마이드의 독일과 미국 제약사가 제출한 자료를 살펴본 켈시는 "마뜩잖다"고 생각했다. 실험 내용에 결함이 많고 비과학적인 것 같았다. 실험 결과가 위조된 것 아닌지 의아스러울 정도였다. "허가 신청서 내용이 (…) 그저 극찬 일색이었죠." 켈시는 훗날 말했다.

탈리도마이드 제약사들은 승인을 얻어내기 위해 거센 압력을 행사하기 시작했다. 그러나 FDA의 켈시와 다른 직원들은 실험 자료가 불충분하다며 맞섰다. 회사가 추가 정보를 담아 승인 신청서를 다시 제출할 때마다, 60일간의 승인 심사 기간이 새롭게 시작됐다. 의학적 효능을 입증하라는 켈시 박사의 계속된 요구로 탈리도마이드의 미국 내 유통이 몇 달 지연됐다.

그때 유럽에서 충격적인 보고가 나왔다. 아기들이 팔과 다리 없이 태어났던 것

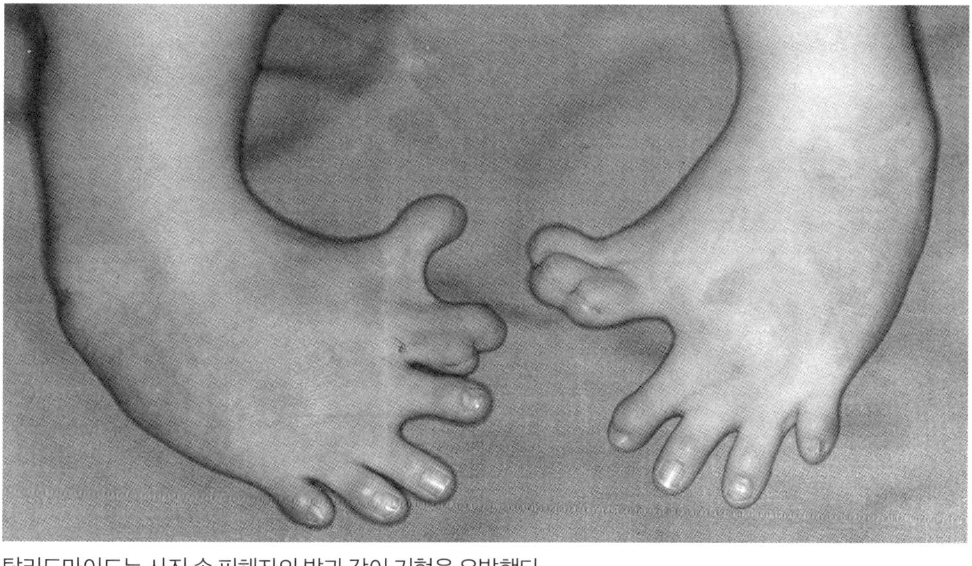

탈리도마이드는 사진 속 피해자의 발과 같이 기형을 유발했다.

이다. 심장과 창자 등 내부 장기에 결함을 안고 태어난 아기들도 있었다. 1961년, 이 아기들의 산모에게 한 가지 공통점이 있다는 사실이 밝혀졌다. 임신 중에 탈리도마이드를 복용했던 것이다. 탈리도마이드 제조사와 수입사는 약에 문제가 있다는 것을 알아챘음에도 FDA에 이러한 사실을 전달하지 않았던 것이다.

비통

켈시와 FDA가 승인 절차를 천천히 진행한 덕분에, 탈리도마이드는 미국에서 판매되지 않았다. 그러나 유감스럽게도 두 제약사는 FDA에 판매 허가를 신청하기 전부터 미국 임산부들을 대상으로 이 약을 시험하고 있었다. 1938년 식품의약품화장품법에 따르면 실험 과정의 일부로서 약을 유통하는 것이 허용됐다. 이 실험에 참여한 의사들은 임산부에게 탈리도마이드를 복용하도록 했다. 탈리도마이드의 위험성을 알고 있는 임산부는 없었다.

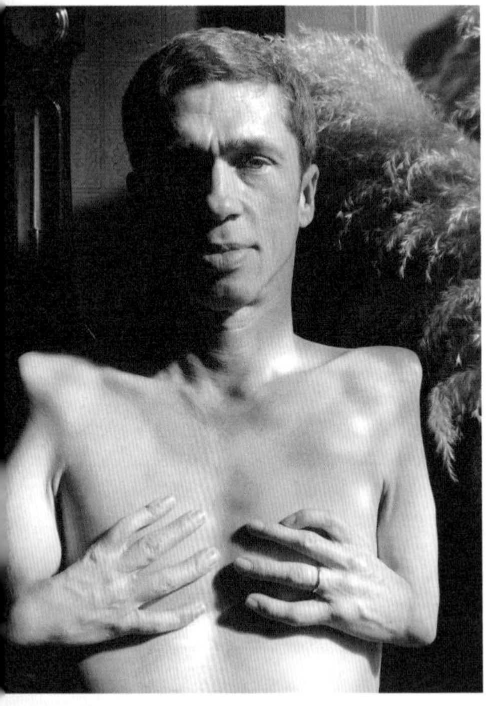

탈리도마이드는 46개국에서 판매됐다. 적어도 8000명의 아기가 심각한 기형을 지닌 채 태어났는데, 대부분 독일과 다른 유럽 국가의 아기들이었다. 유산된 아기도 5000명에서 7000명에 이르렀다. 그러나 이는 추정치로, 일부 전문가는 이보다 훨씬 더 많았을 거라고 말했다. 미국에서는 약 20명의 기형아가 태어났다. 그리고 25명가량이 유산됐다.

신문과 잡지에 기형아들의 사진이 실렸다.

엄마가 임신 중에 탈리도마이드를 복용해, 1962년 기형으로 태어난 영국 남성. 배우이자 드러머로 활동하고 있다.

너무나 비통하고 참담한 사진을 보고 미국 대중은 정부의 조치를 요구했다. 또다시 비극이, 국민의 건강을 보호해야 하는 법의 허점을 드러냈다.

의회에서도 의약품의 안전성에 관한 우려는 몇 년 동안 심화돼왔다. 그러나 우려를 불식시키기 위한 법안은 진척이 없는 상황이었다. 탈리도마이드 베이비 출생 사태가 대대적으로 알려지자 비로소 이 문제에 대한 우려는 임계점에 다다랐다.

1962년 10월, 의회는 1938년 식품의약품화장품법에 대한 키포버-해리스 수정안Kefauver-Harris Amendments을 통과시키며, 의약품 승인 절차를 개선했다. 제약사들은 새로운 기준에 따라 잘 설계된 과학적 실험을 통해 약의 안전성과 효과를 입증해야 했다. 그리고 약의 문제점을 발견하면 FDA에 의무적으로 알려야 했다. 60일이라는 검토 기간 제한도 폐기했다. 이제 FDA 승인을 받기 전까지는 어떤 약도 대중에게 판매할 수 없었다.

법이 바뀌다

식품의약품화장품법은 지금도 FDA의 길잡이다. 1962년 키포버-해리스 수정안과 더불어 1938년 이래 지금까지 FDA의 책무를 확대하고 법의 허점을 메우기 위해 갖가지 법이 만들어졌다.

프랜시스 켈시 박사(1914~2015)가 1962년에 열린 시상식에서 존 F. 케네디 대통령(1917~1963)으로부터 '미국 최고의 공무원상President's Award for Distinguished Federal Civilian Service'을 받은 뒤, 메달을 목에 걸고 있는 모습. 켈시 박사가 탈리도마이드에 의심을 품었기 때문에 이 약은 미국에서 판매되지 않았다. 후에 켈시 박사는 이 상에 대해 이렇게 말했다. "저 혼자가 아니라 팀이 함께 이뤄낸 일이었습니다."

이제 FDA는 임상 실험에 대해 엄격한 가이드라인을 적용한다. 하비 와일리가 오늘날 독약 구조대 실험을 한다면 아무래도 완전히 다른 모습일 것이다.

참가자 보호를 위해 FDA는 심의위원회 허가를 받은 경우에만 임상 실험을 허용하고 있다. 보통은 임상 실험을 하기 전에 동물 실험을 먼저 거쳐야 하며, 임상 실험 허가가 아예 나지 않을 수도 있다. 실험 대상자들에게는 실험 세부사항 및 위험요소, 그리고 실험에 참여하지 않을 선택권이 있다는 사실을 안내해야 한다. 탈리도마이드를 복용한 예비 어머니들에게는 이러한 정보가 전혀 주어지지 않았다.

젊은 남성만을 대상으로 실시했던 와일리의 실험과 달리, 다양한 인종과 연령층을 대상으로 실험이 이루어졌다. 그리고 어린이와 임산부를 보호하기 위한 특별법도 마련됐다. 실험은 의도하지 않았더라도 편향된 결과가 도출되지 않도록 세심하게 설계돼야 하고, 대조군을 둬야 하며, 되도록 피실험자와 연구자들이 누가 대조군이고 누가 실험군인지 알지 못하도록 진행됐다.

연구자들은 임상 실험 후 피실험자가 받은 장기적인 영향이 없는지도 조사해야 한다. 와일리의 실험에서는 누락됐던 부분이다. 이 의약품이나 식품 첨가물이 암을 유발하는 것은 아닐까? 유전자를 손상시키지는 않을까? 태아의 성장에 좋지 않은 영향을 끼치지는 않을까?

독약 구조대 요리사였던 윌리엄 카터는 제약화학pharmaceutical chemistry을 공부한 뒤 FDA 실험실에서 40년 넘게 근무했다.

조직의 확장

1883년, 와일리가 농무부 화학과 수석 화학자가 됐을 때는 화학과 직원이 10명 안팎에 불과했으나 135년이 지난 지금, FDA는 보건복지부 산하 기관으로 1만 7000명이 넘는 직원을 거느리고 있다. FDA 국장은

FDA는 동물용 식품, 의약품, 의료기기의 안전성과 효능도 관리한다.

대통령이 임명한다. FDA 규제 대상인 제품을 구매하는 데 미국인은 연간 지출액의 4분의 1을 쓴다(146쪽 관련 자료 참고).

FDA는 의사와 수의사의 처방이 필요한 전문 의약품 외에 아스피린, 감기약, 자외선 차단제, 불소치약 등 처방전 없이 살 수 있는 약들도 감독한다.

지금도 새로운 화장품은 시판 전에 FDA로부터 안전성과 효과성에 대한 승인을 받을 필요가 없다. 그러나 비위생적이거나 지시에 따라 사용할 때 유해하다고 알려진 성분이 포함된 화장품은 판매가 허용되지 않는다. 화장품에 포함된 유독성 화학물질이 상당함에도 불구하고 FDA가 이를 막기 위해 충분한 조치를 하지 않는다고 보는 소비자 보호 단체들도 있다. 이 단체들은 새로운 법을 만들어 FDA가 이러한 화학물질의 안전성도 평가해야 한다고 여긴다.

식품 안전에 대한 FDA의 맡은 바 책무는 와일리가 식품 첨가물에 집중했던 때보다 훨씬 복잡해졌다. 식품 제조업체들은 너 이상 다량의 화학 방부제에 의존하지 않는다. 오늘날에는 저온 살균 방식이나 자외선, 전류를 이용한 장치 등 식품을 보

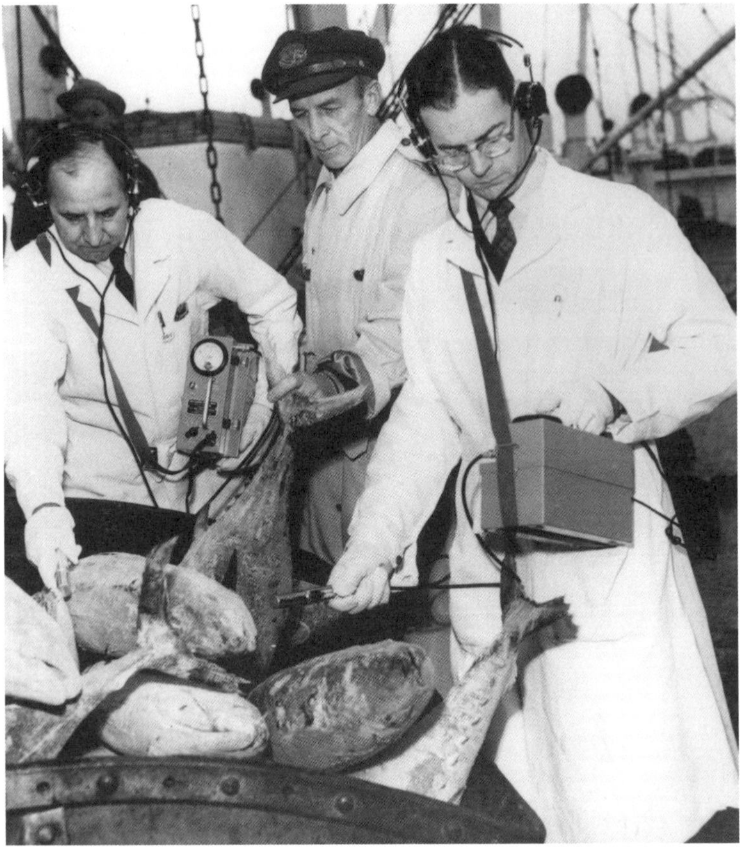

1954년경, FDA 조사관들이 가이거 계수기Geiger counter를 이용해 태평양의 핵 실험장 인근에서 잡은 참치의 방사선 수치를 측정하는 모습. 1950~1960년대 대기권에서 핵폭탄 실험이 자행된 후, FDA 조사관들은 식품, 의약품, 화장품이 방사선에 얼마나 오염돼 있는지 조사했다. 오늘날에는 FDA의 의료기기 및 방사선보건센터Center for Devices and Radiological Health가 방사선 안전을 책임지고 있다.

존·처리하는 방법이 향상됐다. 게다가 연구실에서는 계속해서 다른 방법이 탄생하고 있다.

하지만 식중독을 일으키는 살모넬라균, 리스테리아균, 대장균 등의 박테리아나 농약 오염으로 인한 위험은 여전하다. 매년 약 4800만 명의 미국인이 음식물 때문에 병에 걸린다. 7명 중 1명이 넘는다. FDA는 이러한 위험을 관리하기 위해 각 주

및 다른 연방 기관들과 힘을 합친다. 특히 농무부, 질병통제예방센터Centers for Disease Control and Prevention, CDC, 환경보호청Environmental Protection Agency, EPA과 긴밀하게 협력하고 있다.

최근 행정부들은 식품 안전에 대한 감독권을 농무부에 집중시키고 FDA는 의약품, 화장품, 의료기기 등 식품 외 문제에 초점을 맞출 것을 제안하고 있다. 이렇게 조직을 개편하면 더욱 효율적인 업무가 가능하며 미국의 식품 안전 수준을 높일 수 있다는 주장이다. 2019년 현재 의회는 이러한 개편안에 찬성하지 않고 있다.

사기꾼들

법과 규정에도 불구하고 식품 사기는 계속되고 있다. 부정직한 기업들은 음료를 희석하고 승인받지 않은 첨가제를 식품에 집어넣는다. 또 모조 식품을 아무렇지 않게 파는데, 값싼 어종을 비싼 어종으로 둔갑시키거나 수돗물을 병에 담아 산에서 취수한 값비싼 생수로 속여 파는 식이다.

허위 표시 라벨도 여전하다. 옥수숫가루가 함유돼 있음에도 통밀빵이라고 버젓이 써놓는다. 2019년 가을, FDA는 매사추세츠주의 한 기업에 '사랑'을 그래놀라 영양 성분 표시에 표기하는 행위를 중단하라고 명령했다. 사랑은 그래놀라의 표준 성분으로 볼 수 없으므로 허위 표시에 해당하기 때문이다. 그 밖의 어떤 식품에서도 마찬가지다.

와일리가 1907년에 처음 선발했던 조사관들이 그랬듯, 오늘날의 FDA 조사관들도 이러한 사기 행위를 찾아다니며 단속한다. 미국 전역의 식품 또는 의약품 제조 시설을 점검하고, 미국으로 식품을 수출하는 외국 제조 공장도 방문한다.

이를 통해 독성 물질로 오염되고 벌레, 쥐가 들끓거나 일꾼들이 코를 닦으며 음식을 만드는 비위생적인 공장을 적발한다. FDA는 위반 사실을 공개적으로 경고한다. 만일 업체가 즉각 문제를 시정하지 않으면, FDA는 해당 업체의 제품을 압류하

미국 식품의약국FDA은 무슨 일을 할까?

FDA는 모든 사람이 매일 사용하는 제품들을 규제하는 기관이다. 관할 범위는 1906년 이후 수차례 변경돼, 2019년 현재 다음 제품들을 감독하고 있다.

★ 식품(사람과 동물용)

★ 의약품(사람과 동물용—비처방 의약품 포함)

★ 건강 보조제(비타민 등)

★ 생물학적 제제(백신, 혈액)

★ 화장품(샴푸, 색조 화장품, 피부 크림, 데오도란트, 모발 염색약)

★ 의료기기(심장박동 조율기, 레이저, 의약품 및 인공 장기 3D 프린팅 기술)

★ 방사선 방출 기기(휴대전화, 전자레인지 등)

★ 담배류

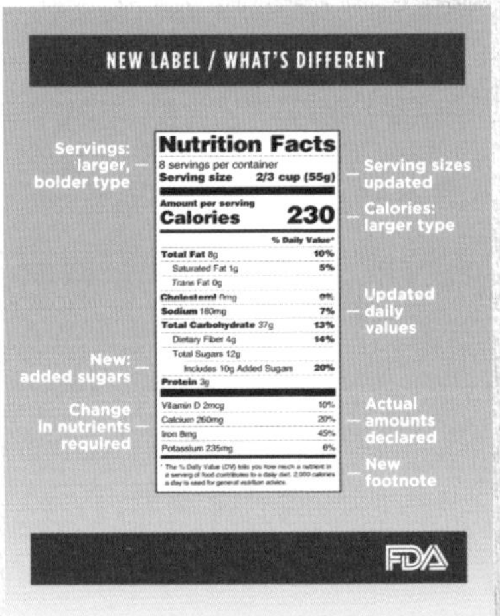

FDA는 식품에 부착되는 영양 정보 라벨을 감독한다. 영양 정보 라벨에는 1회 제공량, 칼로리, 영양소, 비타민 함량 등이 담겨 있다. FDA는 2020년 1월부터 개정된 라벨 규정을 적용하기 시작했고, 이에 따라 식품 회사들은 영양 성분표를 업데이트하고 기존 라벨(위)을 새로운 라벨(아래)로 교체했다. 1회 제공량Serving size은 글자가 더 크게 표기돼 있으며, 오늘날 사람들이 실제로 먹는 양에 맞춰 바뀌었다.

고 판매를 중단시킬 수 있다. FDA 적발로 리콜되는 사기성 유해 제품은 매년 수천 가지에 이른다.

소비자들이 쓸모없고 해로운 상품을 구매하도록 유인하는 기업은 여전히 넘쳐난다. FDA는 아이들을 위험에 빠뜨린 윈슬로 부인의 진정 시럽 사태가 일어난 지 한 세기가 흐른 지난 2016년에도 유사한 제품이 시판되고 있는 것을 발견했다. 캘리포니아의 한 기업이 모르핀을 함유한 비처방 의약품 '리코리스 기침 시럽Licorice Coughing Liquid'을 불법적으로 판매해, FDA는 리콜 명령을 내렸다.

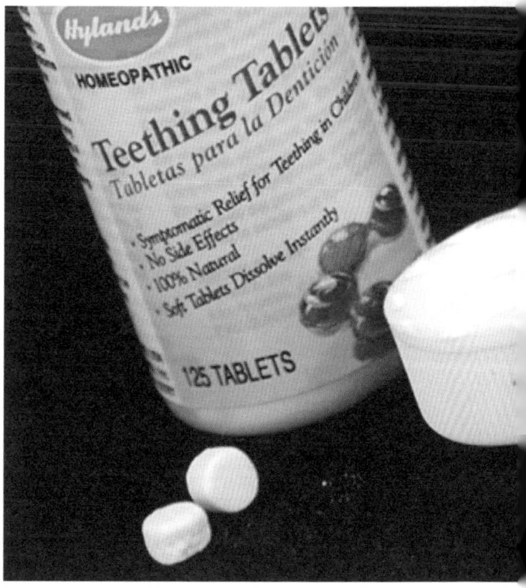

2017년, 하일랜드는 이앓이 완화제를 판매하고 있었는데, FDA가 이 약에 포함된 벨라도나의 위험 수준을 경고한 뒤 시장에 유통되고 있던 제품을 전부 거둬들였다.

2017년에는 일반 상점과 온라인 쇼핑몰에서 비처방 의약품으로 팔리고 있던 하일랜드Hyland의 영유아용 이앓이 완화제가 적발됐다. 이 약의 라벨에는 부작용 '없이' 아기의 통증을 덜어주는 '100% 천연 성분'이라고 표기돼 있었다. FDA로부터 안전성이나 효과성에 관한 승인을 별도로 받지 않은 제품이었다.

FDA는 이 약을 섭취한 아기들이 부작용 증세를 보인다는 신고를 받은 후, 조사에 착수했다. 그리고 화학자들의 분석 결과, 약이 위험한 수준의 벨라도나(독성이 있는 가짓과 풀)를 함유하고 있다는 사실을 밝혀냈다. 벨라도나는 어린아이가 일정량 이상 섭취할 경우 심박 수가 증가하고 환각이나 발작을 일으킬 수 있는 물질이었다. FDA는 공공 경보를 발행해 부모들에게 하일랜드 이앓이제의 위험성을 알렸다.

FDA의 공식 요청에 따라 하일랜드는 시중의 자사 이앓이 약을 전부 회수하고, 미국 내 판매를 중단했다. 그러나 하일랜드사는 웹사이트를 통해 벨라도나 함유량이 위험 수준은 아니라는 내용을 게시했다. '하일랜드 이앓이제는 1945년 미국에서 처음 판매를 시작한 이래 수백만 명의 아이가 안전하게 사용해왔습니다'와 같은 소비자 회유성 문구도 있었다.

국가의 건강을 지키는 일

FDA만큼 강력한 힘을 행사하는 정부기관에는 비판이 따르기 마련이다.

FDA 비판자들은 수천 종의 의약품과 식품 첨가물이 계속해서 출시되고 있어 FDA가 이 모든 제품의 안전성을 평가하기에 역부족이라고 말한다. 또 FDA가 판매 승인을 너무 빨리 내주고, 유해 제품 회수는 느리다고 지적한다. 결과적으로 대중이 위험에 처한다는 것이다.

또 다른 비판자들은 FDA 조직이 너무 비대하고 권력을 자의적으로 휘두르며 세금을 낭비한다고 몰아세운다. 이들은 대중이 스스로 결정 내릴 자유를 정부가 제

미국 내에서 유통되는 식품의 안전성과 영양 수준을 관리하기 위해, FDA는 소비자들이 평소에 구입하는 식료품들을 정기적으로 살피고 분석한다.

한해선 안 된다고 주장한다. 또 사람을 구할 수 있는 신약과 백신을 승인하는 데 너무 시간을 끈다고 비난하기도 한다. 기업을 상대로 실사實査와 리콜을 진행할 때 지나치게 강경한 방식을 취한다는 불평도 끊이지 않는다.

20세기 초, 하비 와일리도 화학국을 이끌며 비슷한 비난에 시달렸다. 그러나 '미스터 붕사'는 "식품 영양 개선과 그에 따른 국민 건강 증진"을 위해 계속해서 싸웠다.

와일리가 독약 구조대를 통해 실험한 결과는 100년 이상 지난 지금도 우리가 받아들이기에 무리가 있다. 와일리가 독극물이라고 칭한 화학물질 중 어떤 것들은 오늘날 안전한 식품 첨가제로서 활용되고 있다. 보존료가 인체의 소화 기능에 미치는 영향에 대한 와일리의 이해 수준은 불완전했다. 과학은 거듭 진보했고, 영양학과 화학 분야에서의 각종 발견으로 우리 지식의 지평이 넓어졌다.

그러나 와일리는 과학적 연구 기법을 활용해 식품 및 의약품의 안전성과 효능을 파악하고 평가하는 관례를 도입한 인물이다. 화학물질은 꼭 필요한 경우에만 첨가해야 하고, 소비자가 확인할 수 있도록 라벨에 표기해야 하며, 각 제조업체는 화학물질을 첨가하기 전에 안전성을 입증하고 첨가 허가를 받아야 하는 등, 오늘날 법에도 와일리의 관점이 반영돼 있다.

세상을 떠나기 몇 달 전, 와일리는 만족스러운 마음으로 지난 삶을 되돌아봤다. 와일리는 자신이 1906년 식품의약품법의 토대가 마련되는 데 일조한 사실을 떠올렸다. 그리고 이 법이 서명된 날에 대해 이렇게 썼다. "남성, 여성, 어린이의 행복을 지키기 위한 길고 자랑스러운 입법의 역사에서 아주 중요한 사건이었다."

FDA의 아버지, 하비 워싱턴 와일리 박사.

독약 구조대가 조사한 화학물질

하비 와일리와 독약 구조대가 실험한 화학물질 중 오늘날 식품 첨가가 금지된 것은 포름알데히드, 붕사, 붕산, 살리실산, 이렇게 네 가지다. 아황산과 아황산염, 벤조산과 벤조산나트륨, 황산구리, 초석은 특정 식품군에 필요한 최소량을 첨가하는 것이 허용된다. 와일리가 반대했던 카페인과 사카린은 보편적으로 사용되고 있다. FDA는 엄격하고 까다로운 심사를 바탕으로 안전성 인정 원료 목록, 즉 GRAS generally recognized as safe 목록을 만드는데, GRAS에 등재된 원료는 기업들이 식품에 자유롭게 첨가할 수 있다. 한편, 등재된 원료라도 새로운 과학적 발견에 따라 부적합한 것으로 판명되면 목록에서 제외될 수 있다. FDA가 허가하지 않은 신규 물질을 식품에 첨가하고자 할 때는 우선 FDA의 승인을 받아야 한다.

벤조산 / 벤조산나트륨

박테리아의 성장을 억제하며, 방부제로 활용된다. 오늘날 식품에 소량 첨가하는 것이 허용되고 있다.

붕사 / 붕산

부패를 막는다. 한때 육류, 어류, 버터를 오랫동안 보존하고 부패로 인한 악취를 가리는 데 사용됐다. 둘 다 섭취할 경우 인체에 손상을 입히기 때문에 식품에 첨가하는 것이 금지됐다. 오늘날 붕산은 소독제, 여드름 치료제, 바퀴벌레 퇴치제로 활용되고, 붕사는 연마제와 세탁세제에 들어간다.

사카린

일반 설탕보다 단맛이 300배 이상 강한 인공 감미료다. 한때 통조림 채소의 신맛을 가리기 위한 용도로 첨가됐으며, 이후 소비자들이 설탕 대용품으로 활발하게 사용했다. 1970년대 초, 일부 과학자들은 사카린을 실험용 쥐에게 섭취시켰더니 방광염을 일으켰다는 결과를 발표했고, FDA는 1977년부터 사카린을 함유한 식음료에 경고 문구를 삽입하라고 명령했다. 그런데 2000년, 쥐와 인간의 소화 과정이 달라 사카린이 인체에는 그러한 영향을 일으키지 않는다는 사실이 밝혀짐에 따라 FDA

도 경고 문구를 삭제하도록 했다. 오늘날에 식음료에 첨가하는 것이 허용되며, 라벨에 성분 표시를 해야 한다.

살리실산

박테리아를 죽인다. 한때 통조림 과일과 피클에 보존료로 첨가했다. 섭취할 경우 두통, 어지럼증, 메스꺼움, 구토를 유발한다. 살리실산에 과도하게 노출되면 유전적 결함 및 신경계, 신장 손상 피해를 입을 수 있어 식품 첨가가 금지돼 있으며, 비듬 샴푸, 사마귀 제거제, 여드름 치료제에 활용된다.

아황산염 / 아황산

미생물의 증식을 억제한다. 와인과 말린 과일을 제조할 때 들어가는데, 방부제로서 첨가하면 채소와 과일의 갈변을 막는 효과가 있다. 오늘날 특정 식품에 첨가하는 것이 허용된다. 아황산염은 알레르기를 유발하기 때문에, 아황산염 함유 식품은 반드시 그 사실을 라벨에 표기해야 한다. 생과일과 생채소에 첨가하는 것은 금지된다.

초석(질산칼륨 / 질산나트륨)

육류, 가금류, 생선류 보존제로 사용된다. 박테리아 번식을 억제하고 육류의 빛깔을 유지시키는 효과가 있다. 오늘날 식품 보존료로 더욱 흔히 쓰이는 것은 질산칼륨보다 질산나트륨이다. 질산나트륨은 가공육, 핫도그, 햄, 베이컨, 훈제 생선에 첨가하는 것이 허용된다. 초석은 불꽃놀이용 폭죽과 비료의 원료이기도 하다.

카페인

청량음료에, 그리고 신경 자극제로서 처방 및 비처방 의약품에 첨가하는 것이 허용된다.

포름알데히드

미생물을 죽인다. 한때 유제품과 육류에 보존료로 첨가됐으나 알레르기 반응과 암을 유발하는 것으로 알려져 식품에 첨가하는 것은 금지돼 있으며, 스트레이트파마 약, 살균제에 들어간다.

황산구리

박테리아, 곰팡이, 녹조 현상을 일으키는 조류를 죽인다. 한때 채소의 빛깔을 선명하게 만들고 저품질 식품을 고품질 식품으로 둔갑시키기 위해 통조림 채소에 들어갔다. 구리가 인체에 필수적인 영양요소로 밝혀져, 오늘날에는 식품에 제한된 양을 첨가하는 것이 허용된다.

용어 정리

강장제 힘과 에너지를 회복시켜준다고 선전하면서 판매된 약.

결핵 결핵균에 의해 감염되는 폐 질환으로, 심할 경우 사망에 이르기도 한다.

글루코스 옥수숫가루, 물, 산을 섞어 저렴하게 제조하는 단당류 시럽. 꿀, 메이플시럽, 사탕수수 설탕의 대체품으로 사용된다.

납 체내에 축적되어 모든 장기에 영향을 미칠 수 있는 화학물질로, 특히 아이들의 두뇌 발달과 신경계에 해로운 영향을 끼친다.

독성 건강에 극심한 피해를 주거나 죽음을 초래하는 성분.

독약 소량만 섭취해도 건강을 엄청나게 해치고 사망까지 이르게 하는 물질.

디에틸렌글리콜 1930년대 미국에서 시판된 엘릭시르술파닐아미드라는 의약품에 들어 있던 치명적인 성분.

라듐 방사선을 방출해 신체 조직을 손상시키는 원소. 암을 비롯해 각종 질병을 일으킨다. 식품 또는 화장품에 넣는 것이 더 이상 허가되지 않는다.

마약 아편, 모르핀, 코데인, 헤로인 등 수면을 유발하고 통증을 완화시키는 중독성 약물.

머크레이커 안전하지 않은 근무 환경, 유해성 식품 및 의약품 등 기업의 부패와 사회악에 대한 대중의 인식을 제고하기 위해 활동하는 저널리스트. 시어도어 루스벨트 대통령이 1906년 한 연설에서 처음 사용한 용어다.

모르핀 중독 증상을 일으키는 아편계 마약성 진통제. 의사의 처방 없이는 구입할 수 없다.

미생물 박테리아, 바이러스와 같이 미세한 유기체.

박테리아 하나의 세포로 이루어진 미세한 유기체.

병리학 질병을 연구하는 학문.

보존료 식품이 상하고 부패하는 것을 막기 위해 첨가하는 물질.

부정·불량식품 제조 과정에서 질 낮은 물질이나 유해물질을 섞은 식음료. 소비자를 속이고 해를 입힌다.

비소 한때 의약품에 널리 사용됐던 화학물질. 소량 섭취할 경우 소화 기능에 문제를 일으키고, 다량 섭취할 경우 간 손상, 암, 사망을 초래할 수 있다. 오늘날에는 식품에 첨가하는 것이 금지돼 있다.

비처방 의약품 의사의 처방전이 없어도 구입할 수 있는 의약품.

빈혈 적혈구가 감소한 상태로, 빈혈에 걸리면 몸이 약해지고 피부가 창백해지며 피로감을 느낀다.

사회주의 사유 재산을 없애고 모든 사회 구성원이 노동과 이익을 공유하는 경제 제도를 채택해야 한다고 주장하는 사상.

생리학 생체의 기능을 연구하는 학문.

석탄 타르 색소 원래 석탄에서 추출하는 색소로, 요즈음에는 석유에서 추출한다. 석탄 타르 색소 중에는 암을 유발하는 종류도 많아, FDA의 엄격한 규제 대상이다.

수은 신장, 뇌, 신경계를 손상시키는 독성 물질. 심장, 폐, 소화기관에도 영향을 미칠 수 있다. FDA는 수은 함유량이 높은 생선은 섭취하지 않도록 권고한다.

술파닐아미드 세균을 죽여 감염병을 치료하는 데 쓰이는 약. 오늘날에는 의사의 처방이 있어야 구입할 수 있다.

아편 양귀비 열매의 즙액을 가공해 만드는 것으로, 중독을 일으키는 마약성 물질. 감각을 무디게 하고 수면을 유발한다.

약리학 약물, 약물의 용법, 약물이 인체에 미치는 영향을 연구하는 학문.

엘릭시르 알코올을 함유한 달콤한 액상 의약품.

유아 산통 유아가 배앓이 등의 신체적 불편함으로 자주 울음을 터뜨리는 증상.

전매 의약품 19세기 말에서 20세기 초 미국에서 온갖 질병을 치료할 수 있다는 과대광고와 함께 팔린 강장제, 알약 등의 엉터리 약. 대개 효과가 없었다. 제조사는 성분을 비밀에 부쳤다. 특허의약품이라고도 불렸지만, 미국특허원U.S. Patent Office(1975년에 미국특허상표청United States Patent and Trademark Office, USPTO으로 이름이 바뀌었다_옮긴이)에 공식적으로 등록된 제품은 거의 없었다.

진보주의 1890~1920년대 미국에서 정치, 경제, 사회 전반의 개혁을 도모한 움직임.

천연두 바이러스로 인해 발생하는 전염병으로, 고열과 피부 발진을 동반한다. 예전에는 치사율이 높은 위험한 질병이었다.

코데인 아편에서 추출되는 마약 성분으로, 진통제와 기침약으로 쓰인다.

코카인 코카나무 잎에서 추출한 성분으로 만드는 중독성 약물. 오늘날에는 환자의 통증을 완화시키기 위해 의료용 목적으로 사용하는 것만 법적으로 허용돼 있다.

탈륨 독성이 아주 강한 화학물질로 제모제('코렘루'의 주요 성분이었다), 쥐약의 원료로 쓰이기도 했다. 실명과 신경계 손상을 일으켰고, 오늘날에는 식품과 화장품에 첨가하는 것이 더 이상 허용되지 않는다.

탈리도마이드 1950~1960년대 수면제와 임산부의 입덧 완화를 위해 쓰인 약으로, 유산과 기형아 출산을 일으켰다.

파라페닐렌디아민 1930년대 미국에서 시판돼 실명을 초래한 눈썹 염색약 래시 루어의 주요 성분. 오늘날 FDA는 이 화학물질을 머리 염색약에 포함시키는 것만 허용하고 있다. 단, 알레르기 반응을 일으킬 수 있으며 눈 주변에 바르면 위험하다는 경고 문구를 반드시 부착해야 한다.

해부학 생물체 내부 각 부분을 연구하는 학문.

허위 표시 상품 포장 용기나 라벨에 오해를 유발하는 내용이나 거짓된 내용을 표시하는 행위.

헤로인 매우 중독성이 강한 마약으로, 모르핀에서 얻는다.

연표

1844
미국 인디애나주,
하비 와일리 출생

1861–65
미국 남북전쟁

1883
와일리, 농부무 화학과
수석 화학자 임명

1896
윌리엄 매킨리,
미국 제25대 대통령
취임

1897
제임스 윌슨,
농무부 장관 취임

1898
미국·스페인 전쟁

1901
화학과,
화학국으로 개편 /
매킨리 대통령 암살

시어도어 루스벨트,
미국 제26대 대통령 취임

1902–03
와일리, 독약 구조대 실험 시작

1903–06
〈레이디스 홈 저널〉,
전매 의약품 실체 폭로

1905–06
〈콜리어스 위클리〉,
전매 의약품 실체 폭로

1905
12월 시어도어 루스벨트
대통령, 의회에 식품
의약품법 마련 권고

1906
2월_《정글》 출간

6월 30일_ 시어도어
루스벨트 대통령,
식품의약품법 및
육류 검사법 개정안에
서명

1909
윌리엄 하워드 태프트,
미국 제27대 대통령 취임

1911
와일리,
안나 캠벨 켈턴과 결혼

코카콜라 재판

1912
와일리, 화학국 사임 후
〈굿 하우스키핑〉
편집인 취임

우드로 윌슨,
미국 제28대 대통령 취임

1914-18
제1차 세계대전

1930
6월 30일_ 워싱턴,
하비 와일리 사망

화학국,
식품의약국FDA으로
명칭 변경

1932
프랭클린 루스벨트,
미국 제32대 대통령 취임

1933
FDA, '공포의 방' 전시

《1억 명의 기니피그》
출간

1936
《미국 공포의 방》 출간

1937
'엘릭시르술파닐아미드'로
미국인 107명 사망

1938
프랭클린 루스벨트
대통령,
'식품의약품화장품법'
서명

1961
의학계, 탈리도마이드와
기형아 출산의
연관성 발표

1962
키포버-해리스
수정안 통과

1988
FDA, 보건복지부
산하 기관이 됨

2018
FDA 직원
1만7000명 이상

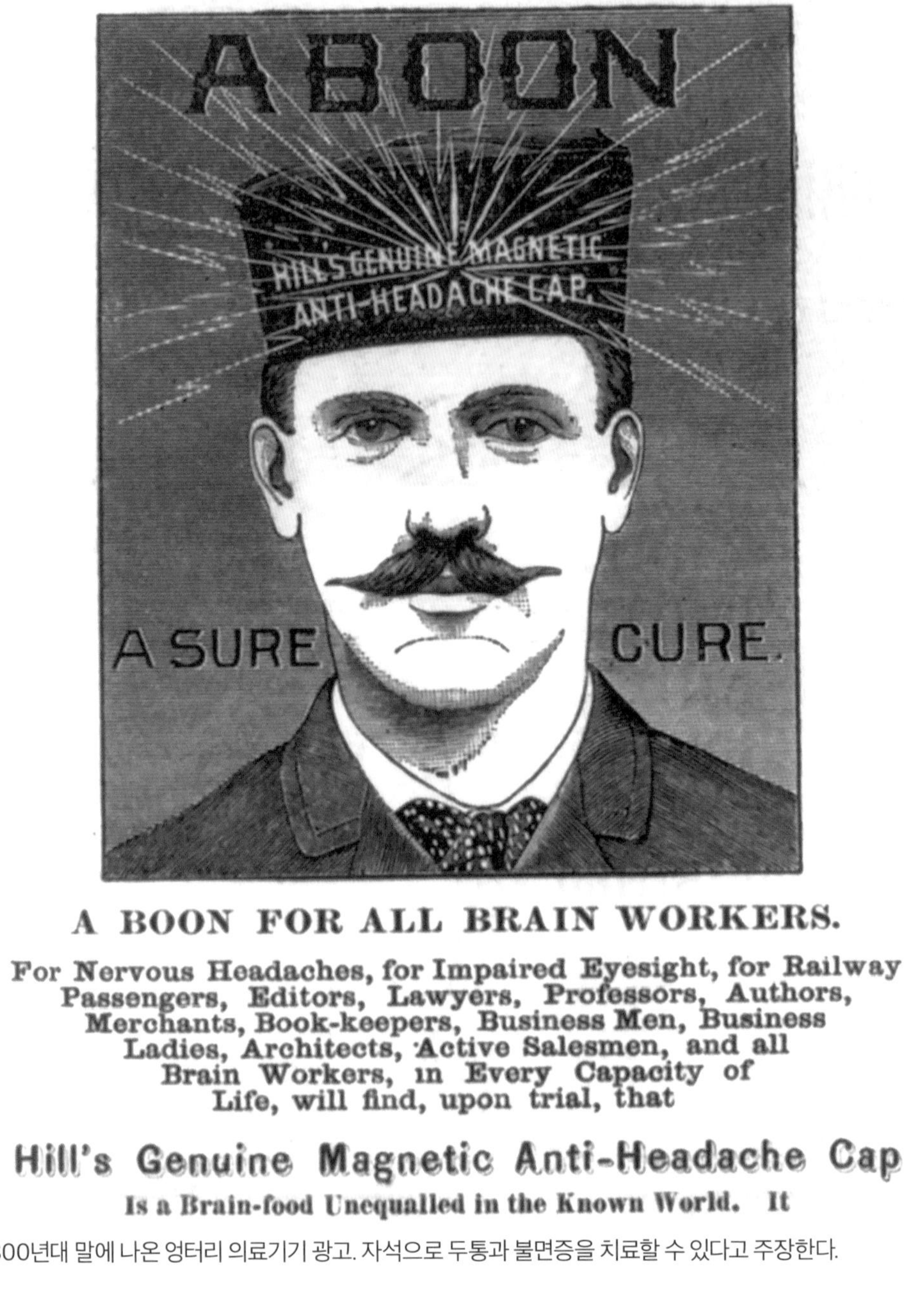

1800년대 말에 나온 엉터리 의료기기 광고. 자석으로 두통과 불면증을 치료할 수 있다고 주장한다.

더 찾아볼 자료

미국식품의약국FDA

FDA(U.S. Food & Drug Administration)
fda.com
FDA의 웹사이트로, FDA가 걸어온 길과 현재 하고 있는 일이 상세히 실려 있다. 또 FDA가 최근에 리콜 명령을 내리거나 경보를 발행한 제품도 확인할 수 있다.

"식품 결함 허용 수치 안내"
fda.gov/food/ingredients-additives-gras-packaging-guidance-documents-regulatory-information/food-defect-levels-handbook
FDA의 식품에 대한 곤충 신체 및 설치류 털 포함 허용 기준치가 나와 있는 페이지다. 이러한 내용을 꺼리지 않는 사람만 들어가보시길!

"FDA의 신약 승인 절차는?" (유튜브 채널 NowThis World)
youtube.com/watch?v=UbRc4aIpmw
새로운 약이 미국 내에서 판매되기까지 어떤 절차들을 밟아야 하는지 알 수 있다.

FDA 유튜브
youtube.com/user/USFoodandDrugAdmin
FDA의 유튜브 채널에는 라임병 치료법, 머릿니 예방법, 자외선 차단제 사용법, 항생제 내성 등 다양한 주제의 영상이 올라와 있다. 특히 'FDA 역사 창고From the FDA Vault: History Videos'는 FDA와 관련된 흥미로운 역사적 사건들을 모아놓은 목록이다.

▶"FDA 화이트오크 캠퍼스 소개"
youtube.com/watch?v=DqimZYtaqHw
메릴랜드주에 있는 FDA 화이트오크 캠퍼스를 중심으로 오늘날 FDA가 하는 일을 살펴볼 수 있는 영상이다.

▶"미국 공포의 방The American Chamber of Horrors"
youtube.com/watch?v=Zu_erFKxHj8
1930년대에 FDA가 개최한 전시회가 어떻게 1938년 식품의약품화장품법의 통과로 이어질 수 있었는지 보여주는 영상이다.

▶"FDA 역사 창고: 계산의 역사"
하비 와일리의 화학국에서 복잡한 계산을 처리하기 위해 사용했다는 '대처의 계산 기구'에 관해 살펴볼 수 있다.

1950년대 등장한 세 가지 버전의 오르곤 집적기Orgone Accumulator. 신비한 힘을 이용해 병을 치료할 수 있다고 선전한 엉터리 의료기기다.

▶"FDA 역사 창고: 돌팔이 의료 기구"

youtube.com/watch?v=ct7bqOVURg8

질병 치료에 도움을 주는 기구로 광고됐으나, 도움은커녕 위험을 초래하는 것들도 있었다.

▶"FDA 역사 창고: 샘플 수집"

youtube.com/watch?v=ieFQsdhJgdg

FDA 조사관들이 제품의 샘플을 수집하고 검사한 과정을 소개하는 영상이다.

▶한국 식품의약품안전처

https://www.mfds.go.kr/index.do(옮긴이 추가)

식품 안전

"키즈 월드 - 식품 안전"(노스캐롤라이나주 농림부 제공)

ncagr.gov/cyber/kidswrld/foodsafe/index.htm

식품 라벨과 영양소에 대해 배우고, 음식을 위험하게 만드는 미생물에는 어떤 것들이 있는지 알 수 있다.

라듐

"라듐 걸스The Radium Girls"(유튜브 채널 SciShow)
youtube.com/watch?v=galqlW6VcMY

"어둠 속에서도 빛나는 물질, 그리고 라듐 걸스"(유튜브 채널 Today I Found Out)
youtube.com/watch?v=7875DVDdmnE
라듐 열풍이 일고 라듐으로 만든 야광 시계가 유행했으나, 그 시계공장에서 일하던 여성 노동자들이 병을 얻어 죽어감에 따라 의학계와 정부 당국이 라듐의 위험성을 인지하게 되기까지의 이야기를 다룬 두 편의 영상이다.

탈리도마이드

"탈리도마이드 비극의 그림자 - 레트로 리포트 - 뉴욕 타임스"
youtube.com/watch?v=41n3mDoVbvk
2013년에 제작된 영상으로 탈리도마이드 사건을 잘 요약하고 있으며, 피해자들과 프랜시스 켈시 박사의 인터뷰도 포함돼 있다. 또 탈리도마이드가 오늘날에는 어떻게 활용되고 있는지를 다룬다

"시중에 유통되는 유해 의약품을 엄격하게 제재하기 위한 새로운 법안에 대해 말하는 케네디 대통령"(Critical Past 홈페이지)
criticalpast.com/video/65675042811_President-Kennedy_delivering-a-speech_food-and-drugs-administration_hazardous-drugs
존 F. 케네디 대통령의 1962년 연설로, 탈리도마이드 비극을 언급하고 있으며 FDA가 위험한 의약품으로부터 시민을 보호하기 위해서는 보다 강력한 법률이 요구된다는 내용이다.

독성화학물질

《독Poison》, 사라 알비Sarah Albee, Crown Books for Young Readers, 2017.
어린이와 청소년을 위한 논픽션 도서로, 누군가의 의도(화학 살상 무기)에 따라, 혹은 사고로 사람들이 화학 물질을 섭취해 건강을 잃거나 사망에 이르게 된 역사적 사례들을 훑는다.

저자의 말

독약 구조대는 그저 주어진 '음식'을 기꺼이 먹을 수 있을 만큼 용감했던 수십 명의 젊은이 이야기가 아니다. 하비 와일리의 '하이지닉 테이블스'는 열정, 결의, 그리고 때로는 결점도 엿보이는 다양한 인물이 만들어낸 흥미롭고 긴 이야기의 한 부분이다.

나는 매번 어떤 책이 완성될지 알 수 없는 상태에서 집필을 시작한다. 독약 구조대 이야기는 내가 예상한 것보다 훨씬 커다란 이야기였다. 이번에 알게 됐지만, FDA에 얽힌 이야기도 마찬가지다.

오늘날 FDA의 규제는 우리 삶에 큰 영향을 미친다. 집에서 음식을 차려 먹을 때도, 음식점에서 음식을 사 먹을 때도 우리는 FDA의 영향을 받고 있다. 내과나 치과, 종합병원에 가는 것도, 반려동물을 치료하는 것도, 우리가 피부에 바르는 크림이나 머리를 감기 위해 쓰는 샴푸까지 전부 FDA 영향권에 있다.

안전성을 신중히 검토해가며 음식을 먹거나 약을 삼키는 사람은 별로 없다. 이 점은 정말이지 건물 지하 실험실에서 성실한 화학자 몇 명으로 출발해 지금에 이른 FDA에 고마워해야 한다.

이 이야기의 중심은 FDA의 아버지 하비 와일리다. 나는 와일리의 자서전, 과학 간행물, 의회 증언 기록, 〈굿 하우스키핑〉 기사들을 훑으며 그가 직접 남긴 말부터 조사하기 시작했다. 의회도서관에서 관련 서류를 보던 중 일기와 사적인 편지들을 발견했고, 이는 와일리에 대한 나의 시각을 넓혀주었다. 다른 사람들이 와일리에 대해 어떤 말을 남겼는지 알아내기 위해서(긍정적인 것이든 부정적인 것이든) 와일리의 가족, 친구, 동료 들이 쓴 편지와 자서전을 연구했다. 또 신문 사설, 잡지 기사, 정치인들의 연설을 살피며 와일리와 그의 순수식품법을 향한 노력을 더욱 깊이 이해할 수 있었다.

1800년대와 1900년대 초반 식품과 의약품 상황을 파악하는 데는 화학국 보고서, 과학 및 의학 저널, 머크레이커들이 쓴 글, 순수식품법 제정 운동을 다룬 신문 기사, 당시 광고 등을 참고했다. 그리고 역사학자들이 쓴 책과 논문을 읽으며 식품 제조업, 전매 의약품, 의회에서 1906년 식품의약품법이 통과되기까지 장장 25년에 걸친 여정에 대해 속속들이 알 수 있었다. FDA 역사분과에서 제공해준 자료는 특히 도움이 컸다.

이야기를 뒤따르다 현재에 이르러서는 FDA의 최신 간행물, 화학 및 식품학 전문가, 식품과 의약품 안전성 문제를 다룬 근래의 기사와 도서를 참고했다.

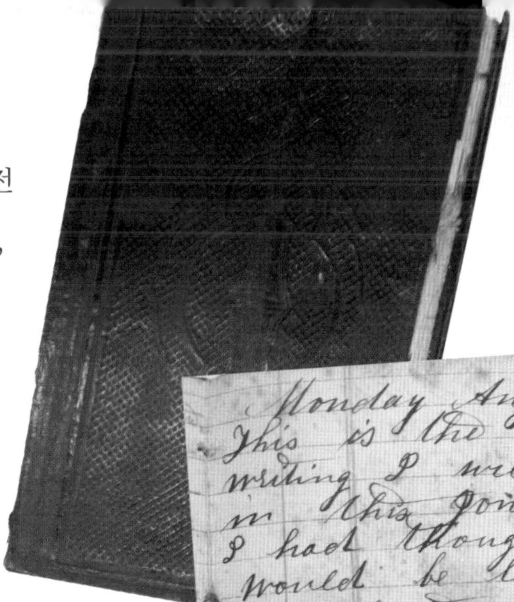

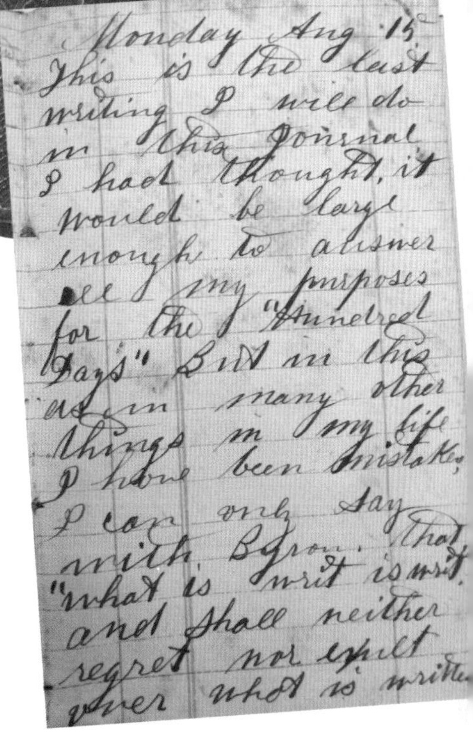

하비 와일리가 남북전쟁 때 쓴 다이어리(위)와 1864년 8월 15일 일기(아래).

조사 과정에서 사진 자료를 볼 때 역사 속 현장과 인물이 생생하게 와닿았기 때문에, 독자들도 그렇기를 바라며 되도록 사진을 많이 실었다.

100년 전 엉터리 약 광고와 대체 뭐가 다른가 싶을 정도로 터무니없는 광고를 날마다 보고 듣는다. 맑고 환한 피부를 위한 실패 없는 선택, 단돈 100달러로 집에서 지방을 없애는 혁신적인 방법, 냉각 체지방 제거술…. 수없이 많은 제품이 외모를 향상시키고 체력을 증진시키며 통증과 고통을 누그러뜨려준다고 약속한다. 그리고 1세기 전과 다름없이, 사람들은 이런 제품을 구입한다.

정부의 감시가 강화되기는 했지만 모든 사기 행위와 위험으로부터 우리를 지켜주지는 못한다. 정부가 완벽하게 지켜주길 바라야 할까? 우리가 사고파는 물건에 대해 어느 정도 규제가 이루어지는 것이 적당할까? 규제를 가하는 공무원들은 늘 올바른 결정을 내릴까? 우리가 실수할 가능성을 감수하더라도 사용하는 제품을 더욱 자유롭게 선택할 수 있어야 옳을까?

이 질문들에 대해서는 하비 와일리가 살아간 시대만큼이나 지금도 많은 의견이 서로 부딪치고 있다. 이 논쟁은 현재 진행형이다.

_ 게일 재로

인용 출처

• 본문에서 큰따옴표로 인용한 내용의 출처는 모두 아래에서 찾아볼 수 있다. 인용 내용의 첫 몇 마디와 출처를 각기 묶어두었다. 이 출처들은 '참고자료'에서도 확인이 가능하다.

• 인용 빈도가 높은 다음 두 권에 대해서는 《자서전》, 〈서류 모음〉으로 축약어를 사용해 표기했다.

《하비 W. 와일리 자서전Harvey W. Wiley: An Autobiography》(1930): 《자서전》.

〈하비 와일리 서류 모음Harvey W. Wiley papers〉, 미국 의회도서관 소장: 〈서류 모음〉.

CHAPTER 1 방부 처리된 꿀벌과 식탁을 가득 채운 맛있는 음식들

"솥 안에…" 《식품 변조와 그 위험성에 관한 논문A Treatise on Adulterations of Food, and Culinary Poisons》(프레드릭 어큠, 1820) vii쪽.

"코카인 투스에이크 드롭스는…" 1885년 코카인 투스에이크 드롭스 광고, 미국 국립 의학 도서관National Library of Medicine.

CHAPTER 2 농장 소년

"나는 화학과…" 《자서전》 138쪽.

"정직함을…" 《자서전》 58쪽.

"아버지, 저…" 《자서전》 60쪽.

"정말 멋진…" 프레스턴 와일리, 《자서전》 60쪽에 인용.

"나는 대의를…" 1863년 9월 7일의 일기, 〈서류 모음〉 박스213.

"오염된 옷" 1864년 6월 18일의 일기, 〈서류 모음〉 박스213.

"맹목적인 믿음" 1864년 6월 7일의 일기, 〈서류 모음〉 박스213.

"약물학이나…" 《자서전》 101쪽.

"피를 내고…" 《자서전》 117쪽.

"대중은 불량하고…" 《자서전》 154쪽.

CHAPTER 3 화학 성분 대잔치

"독성 물질이 섞인…" 《부정 · 불량 식품의 범위와 특성에 관한 보고A Popular Treatise on the Extent and Character of Food Adulterations》(알렉스 J. 웨더번Alex J. Wedderburn, 1890) 10쪽.

"저희는 하비…" 퍼듀 대학 이사 도블보어Dobblebower, 《자서전》 157쪽에 인용.

"하지만 와일리…" 위와 같음.

"게다가…" 퍼듀 대학 이사 도블보어, 《자서전》 158쪽에 인용.

"제 행동으로…", "언급하신…" 와일리, 《자서전》 158쪽.

"독성이 강하고…" 《식품과 식품 부정Foods and Their Adulteration》(하비 W. 와일리, 1907) 194쪽.

"인공 색소를…" 《식품과 식품 부정》 371쪽.

"저렴한 물품을…" 《식품과 식품 부정》 383~384쪽.

"자신이 옳다는…" 프레스턴 와일리, 《자서전》 236쪽에 인용.

"소비자들이 자신이 구하는 것…" 와일리, 〈워싱턴 타임스〉 1904년 11월 20일 자 기사 '순수식품법 제정 운동의 지도자The Man Who Is Leading the Fight for Pure Food'에 인용.

"대중 앞에서 연설…" 《자서전》 38쪽.

"식후 연설은 절대…" 와일리가 〈스크랜턴 트루스Scranton Truth〉(필라델피아) 편집장 J. F. 미첼J. F. Mitchell에게 쓴 1903년 12월 7일 자 편지, 〈서류 모음〉 박스8.

"급작스러운 자각" 앨리스 래키, 〈연합 회보Federation Bulletin〉(1906년 11월호) 87쪽, 《순수식품의약품 운동가들 1879-1914The Pure Food, Drink, and Drug Crusaders, 1879-1914》(로린 스웨인스턴 굿윈Lorine Swainston Goodwin, 1999) 48쪽에 인용.

"빵집에서 나오는…", "포도잼은…", "악취를 없애기 위해…" 앨리스 래키, 〈뉴욕 타임스〉 1905년 12월 13일 자 기사 '불량 식품에 도사리는 공포The Terrors that Lurk in Adulterated Foods'에 인용.

"여성들은 자신이 지금껏…" 앨리스 래키, 〈연합 회보〉(1906년 11월호) 87쪽, 《순수식품의약품 운동가들 1879-1914》 48쪽에 인용.

CHAPTER 4 독약 구조대

"이 실험으로 건강에…" 《식품법에 반대하는 반도덕 행위의 역사The History of a Crime Against the Food Law》(하

비 W. 와일리, 1929) 67쪽.

"나는 실험을 할 수…" 《자서전》 215쪽.

"자연히 그들보다 약한…" 《자서전》 216쪽.

"시중에서 일상적으로…" 와일리, 《식품법에 반대하는 반도덕 행위의 역사》 66쪽.

THE POISON EATERS.

일간지 〈칼리스펠 비Kalispell Bee〉의 1903년 5월 5일 자 헤드라인.

"물론 이들에게 독극물…" 와일리, 《식품법에 반대하는 반도덕 행위의 역사》 67쪽.

"원하든 원치 않든" 와일리, 위와 같음.

"이틀째 사망자 없음" 〈워싱턴 포스트〉 1902년 12월 22일 자 기사 '엄격한 식사 규칙Eating by Rigid Rule'.

"우울한 크리스마스 저녁식사" 〈워싱턴 포스트〉 1902년 12월 26일 자 기사 '와일리 박사 드디어 입을 열다Borax Begins to Tell'.

"독약을 먹는 사람들" 〈위치타 데일리 이글Wichita Daily Eagle〉 1902년 12월 12일 자 기사 '부정·불량 식품을 검사하다Testing Adulterated Foods'.

"독약 캡슐" 〈워싱턴 타임스〉 1902년 12월 18일 자 기사 '독약 먹는 사람들에게 대마는 없다Poison Eaters Fail to Come to Weight'.

"독약 구조대" 〈뉴욕 트리뷴New York Tribune〉 1902년 12월 8일 자 광고 기사 '실론티와 인도티Ceylon and India Tea'.

"본지 기자…", "귀하의 뜻을…" 스콧 본이 와일리에게 쓴 1902년 12월 24일 자 편지, 〈서류 모음〉 박스48.

"세상에서 가장 널리…" 《식품법에 반대하는 반도덕 행위의 역사》 67쪽.

"미스터 붕사" 〈뉴욕 타임스〉 1904년 9월 18일 자 기사 '식재료도 감정을 받는다Testing Food Stuffs at Appraiser's Store'.

"스미스소니언협회를 방문할…" 루 독스테이더Lew Dockstader 작사·작곡, 《식품법에 반대하는 반도덕 행위의 역사》 77쪽에 인용.

"머리가 욱신거리고…" 1905년 2월 8일 자 화학국 일일 차트 지원자 #2, FDA 기록관FDA History Office.

"소화를 방해하고…" 와일리, 〈워싱턴 포스트〉 1904년 11월 16일 자 '식품 보존료의 위험성Danger in Food Preservatives'에 인용.

"우리가 먹어도 되는 소량의…" 와일리, 《식품 불순물Foods and Adulterants》(미 농무부 화학국, 1887~1902) 40쪽.

"넣지 않아도 되는 음식" 와일리, '보존료와 식품 첨가제가 건강과 소화 기능에 미치는 영향 조사법Methods of Studying the Effect of Preservatives and other Substances Added to Foods upon Health and Digestion', 〈프랭클린 인스티튜트 저널Journal of the Franklin Institute〉(1904년 3월호) 178쪽.

"식품 제조업체들은 기업의 성장과…" 와일리, '신진대사의 과학과 도덕: 케첩과 벤조산나트륨The Science and Morals of Metabolism: Catsup and Benzoate of Soda'(제임스 하비 영James Harvey Young)에 인용, 〈의학 및 관련 학문의 역사Journal of the History of Medicine and Allied Sciences〉(1968년 1월호) 90쪽.

"독성 불량식품" 〈이브닝 스타Evening Star〉 1906년 11월 21일 자 기사 '독약 구조대를 향해 쏟아지는 비난Poison Squad Blamed'.

"연방 정부 또는…" 〈워싱턴 타임스〉 1906년 12월 22일 자 기사 '윌슨 장관은 독약 구조대의 진실을 밝혀라Wants Wilson to Tell about Poison Squad'.

"독약이 든 음식 실험으로…" 위와 같음.

"데이터를 표로 만들고…" 와일리, '보존료와 식품 첨가제가 건강과 소화 기능에 미치는 영향 조사법', 〈프랭클린 인스티튜트 저널〉(1904년 3월호) 171쪽.

"와일리 박사님께서는 대중을…" 에드워드 구데만Edward Gudeman 박사, 〈뉴욕 선〉 1905년 4월 2일 자 기사 '독약 구조대를 향한 비난Poison Squad Man Attacked'에 인용.

"아무나 10명 데려다…" 윌리엄 호프William Hoff 교수, 위와 같음.

"네, 그렇게 보는 분도…" 와일리, 위와 같음.

"보존료가 들어간 식품을 선호…" 와일리, 위와 같음.

"가난한 엄마들은…" 《자서전》 207쪽.

"극렬한 해악" 《자서전》 200쪽.

"소비자는 자신이 구매하는 것이…" 와일리, 《식품 불순물》 186쪽.

CHAPTER 5 모르핀, 고기, 그리고 머크레이커

"사람들은 '특허 의약품'의…" 에드워드 복, '기독교여성절제연합에 건네는 말A Few Words to the W.C.T.U', 〈레이디스 홈 저널〉(1904년 9월호) 16쪽.

"나는 루스벨트 대통령이…" 《자서전》 221쪽.

"저는 대단히 현명하지 못한…" 《자서전》 223쪽.

"이번에는 그냥 넘어가지만…" 루스벨트, 《자서전》 223쪽에 인용.

"아기가 고통스러워하며 울 경우…" 모드 밴필드Maud Banfield, '간호사의 눈으로 본 특허 의약품의 실태The Journal's Trained Nurse, About Patent Medicines', 〈레이디스 홈 저널〉(1903년 5월호) 26쪽.

"미국 시민들은 되도록 빨리…" 에드워드 복, '특허 의약품의 저주The 'Patent-Medicine' Curse', 〈레이디스 홈 저널〉(1904년 5월호) 18쪽.

"여성들에게는 자신이 돈을…" 에드워드 복, '여러분께 진심을 담아 드리는 말씀To You: A Personal Word', 〈레이디스 홈 저널〉(1906년 2월호) 20쪽.

"우울증과 활력 부족…" 애덤스, 《위대한 미국인의 사기극》 17쪽.

"아무리 적은 양이라도…" 애덤스, 《위대한 미국인의 사기극》 15쪽.

"한 티스푼만 먹이면…" 노라Nora, 《위대한 미국인의 사기극》 40쪽에 애덤스가 인용.

"부정·불량, 허위 표시 식품…" 루스벨트, 〈워싱턴 포스트〉 1905년 12월 6일 자 기사 '루스벨트 대통령의 교서President's Message to Congress'에 인용.

"와일리 씨의 안전이…" A. C. 프레이저A. C. Fraser, 《자서전》 213쪽에 인용.

"그렇게 많은 사람에게…" 《자서전》 213쪽.

1880년대 어린이용 엉터리 감기약의 광고 카드.

"혹시 이 중에 이웃 주머니에…" 《자서전》 214쪽.

"혹시 이 중에 자기 제품을…" 위와 같음.

"이 나라 제조업체들이…" 월터 윌리엄스Walter Williams, 《식품법에 반대하는 반도덕 행위의 역사》 3쪽에 인용.

"시민들이 뭘 먹고…" 넬슨 올드리치Nelson Aldrich, 《우리 시대, 미국의 1900~1925년 2: 자신을 찾은 미국Our Times, The United States 1900-1925: Volume 2, America Finding Herself》(마크 설리번, 1927) 532쪽에 인용.

"이 법안의 목적은…" 포터 매컴버Porter McCumber, 위와 같음.

"미국 노동자들에게 헌정…" 《정글》(업턴 싱클레어, 1906) 헌정사.

"바닥은 핏물로…" 《정글》 45쪽.

"자신들의 발에…" 《정글》 161쪽.

"그 사람들을 꺼냈을…" 《정글》 117쪽.

"메리에게는 어린 양이…" 〈뉴욕 이브닝 포스트〉, 《우리 시대, 미국의 1900~1925년 2: 자신을 찾은 미국》 541쪽에 인용.

"나는 대중의 심장을…" 업턴 싱클레어, '나에게 인생의 의미란What Life Means to Me', 〈코스모폴리탄Cosmopolitan〉(1906년 10월호).

"이 정부는 더 이상 국민의…" 앨리스 래키, 〈뉴욕 타임스〉 1906년 6월 13일 자 기사 '모든 종류의 순수 식품Pure Food of All Kinds'.

"국민이 순수식품법을 요구…" 윌리엄 H. 라이언William H. Ryan, 1906년 6월 22일 59회 하원 1차 회의 연방 의회 의사록Congressional Record 8988쪽.

"마침내 순수식품법 탄생" 〈로스앤젤레스 타임스〉 1906년 6월 30일 자.

"순수식품법 법안의 승리" 〈워싱턴 포스트〉 1906년 6월 24일 자.
"가장 위대하고 강력한" 와일리, 《식품법에 반대하는 반도덕 행위의 역사》 52쪽.
"부정 · 불량 식품에 관계된 모든…" 〈워싱턴 타임스〉 1904년 11월 20일 자 기사 '순수식품법을 향한 싸움, 선봉에 선 이는 누구인가The Man Who Is Leading the Fight for Pure Food'.
"끊임없이 계속되던 교전에…" 《자서전》 231쪽.

CHAPTER 6 시민의 몸속을 지켜주는 문지기

"시민의 몸속을 지켜주는 문지기" 〈뉴욕 선〉 1907년 11월 24일 자 기사 '독약 구조대의 벤조산나트륨 실험Poison Squad to Try Soda'.
"정직한 사람이라면…" 와일리, 〈뉴욕 선〉 1908년 11월 11일 자 기사 '광고업계를 향한 와일리 박사의 경고Wiley Warns Advertisers'에 인용.
"판단이 잘 서지 않을 때는…" 《1001번의 테스트1001 Tests of Foods, Beverages and Toilet Accessories, Good and Otherwise: Why They Are So》(하비 W. 와일리, 1916) xiii쪽.
"그는 공공 문제, 특히 먹거리와…" 《자서전》 190~191쪽.
"벤조산나트륨을 식품에…" 루스벨트, 〈뉴욕 선〉 1912년 10월 3일 자 기사 '루스벨트 대통령의 형편없는 식사T.R.'s 'Poor Food' Record'에 와일리가 인용.
"생각하고 말 것도 없이…" 와일리, 위 기사에 인용.
"여러분, 건강에 해롭다고 하니…" 루스벨트, 위 기사에 와일리가 인용.
"저희 회사는 작년에 설탕 대신…" 제임스 S. 셔먼James S. Sherman, 위 기사에 와일리가 인용.
"그렇습니다, 대통령님", "대통령님과 이 식품을 먹는…" 와일리, 위 기사에 인용.
"사카린이 해롭다고 믿는 사람은…" 루스벨트, 위 기사에 와일리가 인용.
"하늘 아래 온갖 음식…", "연방 정부의 한 분과가…" 〈뉴욕 선〉 1908년 4월 3일 자 기사 '독약 구조대 예산 위기No Appropriations for the Poison Squad'.
"식품의약품법이 완전히 마비…" 와일리, 《식품법에 반대하는 반도덕 행위의 역사》 163쪽.
"개인적인 판단에 따르면, 와일리 박사의…" 루스벨트 대통령이 헨리 허드 러스비Henry Hurd Rusby에게 쓴 1909년 1월 7일 자 편지, 《시어도어 루스벨트 대통령의 편지The Letters of Theodore Roosevelt》(1952) 1467쪽.
"나는 와일리 박사에게 걸맞은…" 태프트 대통령이 워드Ward에게 쓴 1919년 3월 24일 자 편지, 《윌리엄 하워드 태프트 대통령의 삶과 시대: 전기 2The Life and Times of William Howard Taft: A Biography, Volume 2》(헨리 F. 프링글Henry F. Pringle, 1939) 729쪽에 인용.
"식품의약품법은 이해하기 어려운 법이…" 《자서전》 2쪽.
"비열한 악당들", "와일리 국장님이 옳습니다…", "처음부터 소비자의 권리를…" 앨리스 래키가 하비 W. 와일리에게 쓴 1911년 7월 6일 자 편지, 〈서류 모음〉 박스91.

"산들바람 같은 음료" 〈인디펜던트The Independent〉 1910년 6월 30일 자 코카콜라 광고.

"카페인이 습관성 약물이라는…" 존 머서John Musser 박사, 〈애틀랜타 조지언Atlanta Georgian〉 1911년 3월 17일 자 기사 '전문가들은 카페인의 악영향을 우려한다Caffeine's Effects Bad, Say Experts'에 인용.

"머지않아 우유 판매업자들도…", "그러다가 빵이며 고기며…" 와일리가 노먼 햅굿에게 쓴 1911년 3월 31일 자 편지, 《순수식품법과 정치 역학The Politics of Purity: Harvey Washington Wiley and the Origins of Federal Food Policy》(클레이턴 A. 코핀Clayton A. Coppin, 1999) 151쪽에 인용.

"식품의약품법의 근본 원칙들이…" 《자서전》 289쪽.

"결국 비밀스럽게 나의 파멸을…" 와일리가 언론사에 보낸 사직서, 〈뉴욕 데일리 트리뷴New York Daily Tribune〉 1912년 3월 16일 자 기사 '와일리 박사 사임, 원인은 지속된 마찰Dr. Wiley Resigns; Friction the Cause'에 인용.

"나는 처음부터 마지막까지 계속해서 싸움…" 《자서전》 165~166쪽.

"남편이나 그 어떤 남성을 위해서도…" 해리엇 테일러 업턴Harriet Taylor Upton이 안나 캠벨 켈턴(안나 와일리)에게 쓴 1911년 1월 17일 자 편지, 〈서류 모음〉 박스88.

"대통령님, 여성은 자유를 위해…" '1947년 7월 16일, 안나 와일리 자신에 대한 기록Statement about Mrs. Harvey W. Wiley by herself, July 16, 1947'에 안나 와일리가 인용, 〈안나 와일리 서류 모음〉 박스76.

CHAPTER 7 미스터 붕사

"인류의 행복과 안녕을…" 와일리, '화학과 공공복지Applications of Chemistry to Public Welfare', 〈프랭클린 인스티튜트 저널〉(1911년 1월호) 54쪽.

"부엌의 파수꾼 29년 만에…" 〈버팔로 쿠리어〉 1912년 3월 16일 자.

"농무부의 조직 체계는 실로 엉망…" 〈콜리어스 위클리〉, 〈리터러리 다이제스트Literary Digest〉 1912년 3월 30일 자 626쪽 '와일리 박사 사임의 여파Effects of Dr. Wiley's Exit'에 인용.

"와일리는 농무부 내 끊임없는 마찰…" 〈솔트레이크 헤럴드리퍼블리컨〉, 위와 같음.

"와일리의 사임은 식품의약품법에 대한…" 앨리스 래키가 태프트 대통령에게 쓴 1912년 5월 21일 자 편지, 《윌리엄 하워드 태프트 대통령의 삶과 시대: 전기 2》 730쪽에 인용.

"순수식품의약품법 위반자를 색출…", "거듭 불화와…" 태프트 대통령이 G. P. 매퀘이드G. P. McQuade에게 쓴 1913년 1월 24일 자 편지의 초안, 《윌리엄 하워드 태프트 대통령의 삶과 시대: 전기 2》 731쪽에 인용.

"시어도어 루스벨트가 다시금…" 와일리, 〈뉴욕 선〉 1912년 10월 3일 자 기사 '루스벨트 대통령의 형편없는 식사'에 인용.

"우리는 말이 아니라…" 위와 같음.

"안전하고 오염되지 않은 순수식품을…" 와일리, 《1001번의 테스트》 xx쪽.

"유해물질 없음" 《자서전》 304쪽.

"아편, 모르핀, 코카인뿐 아니라…" 와일리, '아편 화톳불An Opium Bonfire', 〈굿 하우스키핑〉(1912년 8월호).

"유해성을 지닌 제품은…" 와일리, '와일리 박사의 부서Dr. Wiley's Department', 〈굿 하우스키핑〉(1913년 7월호).

"30g에 1달러는…" 위와 같음.

"음식을 사는 데 부족함이 없는…" 와일리, 〈뉴욕 타임스〉 1911년 3월 19일 자 기사 '그는 미국인이 과식하고 과음하며 모든 것에 지나친 결과, 천천히 죽음을 향해 스스로 가고 있다고 말한다He Believes Americans Over-Eat, Over-Drink and Over-Everything and Thereby Slowly Kill Themselves'(에드워드 마셜Edward Marshall)에 인용.

"일한다고 죽는 사람은…" 와일리, 〈포캐스트 매거진Forecast Magazine〉(1926년경 발행호) '와일리 박사가 말하는 장수 비법Dr. Wiley's Recipe for Longevity'(엘나 하우드 훠턴Elna Harwood Wharton)에 인용, 〈서류 모음〉 박스211.

"애초에 정해진 대로 화학국이…" 와일리, 《식품법에 반대하는 반도덕 행위의 역사》 401~402쪽.

"만약 죽음이 내 뜻대로…" 《자서전》 13쪽.

"그의 노고가 있었기에 미국인은…" 〈워싱턴 포스트〉 1930년 7월 1일 자 기사 '하비 W. 와일리 박사Dr. Harvey W. Wiley'.

"그는 분명히 해야 할 일을…" W. D. 비글로, '공무원 와일리Wiley—The Public Servant', 《하비 W. 와일리를 기억하며In Memoriam Harvey Washington Wiley》(Association of Official Agricultural Chemists, 1930), 〈서류 모음〉 박스211.

CHAPTER 8 기적의 방사능

"라듐은 무수한 질병을 호전…" 〈워싱턴 스타Washington Star〉 1923년 10월 19일 자 광고 '라듐 배스 절찬 판매Radium Bath Sale'.

"그는 미래에 인류를 발전…" 〈퍼슨스 매거신Pearson's Magazine〉(1922년 6월호) 기사 '놀라움으로 가득한 방The House of Wonder'(업턴 싱클레어).

"시름시름 앓고 계시다고요…" 〈시애틀 스타Seattle Star〉 1922년 10월 18일 자 광고.

"그의 뼈가 방사선을…" 〈미국의학협회 저널〉 1933년 2월 11일 자 '라듐 음료 중독Poisoning from Drinking Radium Water'(알렉산더 O. 게틀러Alexander O. Gettler, 찰스 노리스Charles Norris).

"51세 저명한 스포츠맨…" 〈뉴욕 타임스〉 1932년 4월 1일 자 기사 '에벤 바이어스 라듐 중독으로 사망Eben M. Byers Dies of Radium Poisoning'.

"연방식품의약품법은 있으나 마나…" 〈뉴욕 월드텔레그램New York World-Telegram〉 1932년 4월 9일 자 기사 '연방법 속수무책Hands tied', 《미국 공포의 방》(루스 디포레스트 램, 1936) 74쪽에 인용.

"건강에 해로우며 생명에 치명적" 〈미국의학협회 저널〉 1933년 2월 11일 자 '라듐 음료 중독'.

"자신만의 매력을…" 래시 루어 광고, FDA '공포의 방' 전시.

"시력을 잃기 시작…" 1933년경 익명의 여성이 엘리너 루스벨트 영부인에게 보낸 편지, 《미국 공포의 방》 33쪽에 인용.

"이 독성 물질들", "수십 년", "매우 높다" 《1억 명의 기니피그》(아서 캘릿, F. J. 슐링크) 10쪽.

"리스테린을 입에 머금는 순간…" 미확인 잡지(1933년 12월호) 리스테린 광고 '리스테린, 놀라운 살균 소독 효과!Listerine-Lasting Antiseptic!', 플리커Flickr.

"이 책의 출간 의도대로만 된다면…" 1933년 캠벨이 사이먼 소벨로프Simon Sobeloff에게 쓴 편지, 《메디컬 메시아The Medical Messiahs》(제임스 하비 영, 1967) 157쪽에 인용.

CHAPTER 9 라즈베리 향 감기 시럽

"실질적인 개선이…" 프랭클린 루스벨트, '프랭클린 루스벨트 대통령이 의회에 보낸 교서The President's Message to Congress'(1935년 3월 22일), 《미국 공포의 방》 333쪽에 인용.

"얼마 전 농무부…", "여성들을 속이고…", "이 나라 모든 여성이…" 엘리너 루스벨트 영부인, 〈시카고 데일리 트리뷴Chicago Daily Tribune〉 1933년 10월 24일 자 기사 '엘리너 루스벨트 영부인, 광고의 진실을 언급하다Mrs. Roosevelt Talks of Truth in Advertising'(제너비브 포브스 헤릭Genevieve Forbes Herrick)에 인용.

"대부분의 식품 및 의약품 거래 종사자…" 프랭클린 루스벨트, '프랭클린 루스벨트 대통령이 의회에 보낸 교서'(1935년 3월 22일), 《미국 공포의 방》 334쪽에 인용.

"저희 어머니는 사람들이 쓰는…" 헤이즐 페이 브라운Hazel Fay Brown이 프랭클린 루스벨트 대통령에게 쓴 편지(날짜 불명), 《미국 공포의 방》 327쪽에 인용.

"건초, 닭깃 조각, 구더기…" 《미국 공포의 방》 253쪽에 인용.

"지금도 조앤의 작은 몸이…" 마리 니디퍼Marie Nidiffer가 프랭클린 루스벨트 대통령에게 쓴 편지, 〈FDA 소비자 매거진FDA Consumer Magazine〉(1981년 6월호) '라즈베리 향과 함께 찾아온 죽음: 1937년 엘릭시르술파닐아미드 사건Taste of Raspberries, Taste of Death: The 1937 Elixir Sulfanilamide Incident'(캐럴 밸런타인Carol Ballentine)에 인용.

"죽음의 약" 〈뉴욕 타임스〉 1937년 11월 26일 자 기사 '죽음의 약 피해 규모 15개 주에 이르러Death Drug' Hunt Covered 15 States'.

"치명적 엘릭시르" 〈워싱턴 포스트〉 1937년 10월 23일 자 기사 '치명적 엘릭시르 발 빠른 회수로 메릴랜드주 위험 피해, 29일 이미 연방 정부 수사 착수Seizure of Deadly 'Elixir' Saves Marylander as U.S. Hastens to Check Toll Already at 29'(제럴드 G. 그로스Gerald G. Gross).

"수천 가구, 특히 저소득 가정에…" 헬렌 홀, 〈뉴욕 타임스〉 1939년 5월 7일 자 기사 '여성 소비자들의 식품의약품화장품법 긍정적 효과 보고 이어져Women Eager to Note Effect of Food Laws'(앤 피터슨Anne Petersen)에 인용.

"눈 깜짝할 사이…" 〈자서전적 기록Autobiographical Reflections〉(프랜시스 올덤 켈시Frances Oldham Kelsey, 2018) 75쪽.

"무독성", "유아에게도…" 《미국인의 건강 보호: FDA, 기업, 그리고 100년의 규제Protecting America's Health: The FDA, Business, and One Hundred Years of Regulation》(필립 J. 힐츠Philip J. Hilts, 2003) 149쪽.

"극찬 일색" 〈자서전적 기록〉 52쪽.

"마뜩잖다" 프랜시스 올덤 켈시, 〈워싱턴 포스트〉 1962년 7월 15일 기사 '치명적 의약품의 시장 진입을 막은 FDA 영웅Heroine' of FDA Keeps Bad Drug Off of Market'(모턴 민츠Morton Mintz)에 인용.

"허가 신청서 내용이…" 〈자서전적 기록〉 52쪽.

"저 혼자가 아니라…" 〈자서전적 기록〉 78쪽.

"식품 영양 개선과…" 와일리, 《식품법에 반대하는 반도덕 행위의 역사》 x쪽.

"남성, 여성, 어린이의 행복…" 《자서전》 232쪽.

참고자료

별표(*)가 붙은 것은 1차 자료를 뜻한다.

*Accum, Fredrick. *Treatise on Adulterations of Food, and Culinary Poisons*. 2nd ed. London: Longman, Hurst, Rees, Orme, and Brown, 1820.

Adams, Samuel Hopkins. *The Great American Fraud: A Series of Articles on the Patent Medicine Evil,* Reprinted from *Collier's Weekly*. Chicago: Press of the American Medical Association, 1906.

Anderson, Oscar E., Jr. *The Health of a Nation: Harvey W. Wiley and the Fight for Pure Food*. Chicago: University of Chicago Press, 1958.

Bjorkman, Edwin. "Our Debt to Dr. Wiley, A Public Servant Who Is a Hard Fighter for Pure Food and Is Generally on the Winning Side." *The World's Work*, January 1910: 12443-48.

Blum, Deborah. *The Poisoner's Handbook: Murder and the Birth of Forensic Medicine in Jazz Age New York*. New York: Penguin, 2010.

Carson, Gerald H. "Who Put the Borax in Dr. Wiley's Butter?" *American Heritage*, August 1956.

Civitello, Linda. *Baking Powder Wars: The Cutthroat Food Fight That Revolutionized Cooking*. Urbana: University of Illinois Press, 2017.

Coppin, Clayton A., and Jack High. *The Politics of Purity: Harvey Washington Wiley and the Origins of Federal Food Policy*. Ann Arbor: University of Michigan Press, 1999.

Courtwright, David T. *Dark Paradise: A History of Opiate Addiction in America*. Cambridge, MA: Harvard University Press, 2001.

Davis, O. K. "The Case of Dr. Wiley." *Hampton Columbian Magazine*, October 1911: 469-81.

Duncan, Charles M. *Eat, Drink, and Be Wary*. Lanham, MD: Rowman & Littlefield, 2015.

Evershed, Richard, and Nicola Temple. *Sorting the Beef from the Bull: The Science of Food Fraud Forensics*. London: Bloomsbury, 2016.

FDA Consumer Magazine, the Centennial Edition, January-February 2006.

Finck, Henry Theophilus. *Food and Flavor: A Gastronomic Guide to Health and Good Living*. New York: The Century Co., 1913.

Frank, Patricia, and M. Alice Ottoboni. *The Dose Makes the Poison: A Plain-Language Guide to Toxicology.* 3rd ed. Hoboken, NJ: John Wiley & Sons, 2011.

Goodwin, Lorine Swainston. *The Pure Food, Drink, and Drug Crusaders, 1879-1914.* Jefferson, NC: McFarland, 1999.

Hamowy, Ronald. "Medical Disasters and the Growth of the FDA." *Independent Policy* Reports. Oakland, CA: The Independent Institute, 2010.

Hilts, Philip J. *Protecting America's Health: The FDA, Business, and One Hundred Years of Regulation.* Chapel Hill, NC: University of North Carolina Press, 2003.

Janssen, Wallace F. "Inside the Poison Squad: How Food Additive Regulation Began." *Association of Food and Drug Officials Quarterly Bulletin*, April 1987: 68-72.

Junod, Suzanne W. "Harvey Wiley's 'Poison Squad': Food Additive Safety." [PowerPoint slides]. October 21, 2012. FDA History Office, U.S. Food and Drug Administration.

Junod, Suzanne White. "Food Standards in the United States: The Case of the Peanut Butter and Jelly Sandwich." In *Food, Science, Policy and Regulation in the Twentieth Century: International and Comparative Perspectives*, edited by David F. Smith and Jim Phillips. New York: Routledge, 2000.

Kallet, Arthur, and F. J. Schlink. *100,000,000 Guinea Pigs: Dangers in Everyday Foods, Drugs, and Cosmetics.* New York: Vanguard Press, 1933.

*Kelsey, Frances Oldham. *Autobiographical Reflections.* Oral History Program. FDA History Office, U.S. Food and Drug Administration. fda.gov/downloads/AboutFDA/ WhatWeDo/History/OralHistories/SelectedOralHistoryTranscripts/UCM406132.pdf. Accessed February 8, 2018.

Lamb, Ruth deForest. *American Chamber of Horrors: The Truth about Food and Drugs.* New York: Farrar & Rinehart, 1936.

Levenstein, Harvey. *Fear of Food: A History of Why We Worry about What We Eat.* Chicago: University of Chicago Press, 2012.

Lewis, Carol. "The 'Poison Squad' and the Advent of Food and Drug Regulation." *FDA Consumer Magazine*, November-December 2002.

Macklis, Roger M. "The Great Radium Scandal." *Scientific American*, August 1993: 94-99.

Mullan, Fitzhugh. *Plagues and Politics: The Story of the United States Public Health Service.* New York: Basic Books, 1989.

Pendergrast, Mark. *For God, Country & Coca-Cola: The Definitive History of the Great American Soft Drink and the Company that Makes It.* 2nd ed. New York: Basic Books, 2000.

Piott, Steven L. *American Reformers, 1870-1920: Progressives in Word and Deed.* Lanham, MD: Rowman & Littlefield, 2006.

Pringle, Henry F. *The Life and Times of William Howard Taft: A Biography, Volume 2.* New York: Farrar & Rinehart, 1939.

Ravenel, Mazyck P., ed. *A Half Century of Public Health.* New York: American Public Health Association, 1921.

*Roosevelt, Theodore. *The Letters of Theodore Roosevelt, Volume 6.* Elting E. Morison, ed. Cambridge, MA: Harvard University Press, 1952.

Ryan, John M. *Food Fraud.* London: Academic Press/Elsevier, 2016.

*Sinclair, Upton. *The Autobiography of Upton Sinclair.* New York: Harcourt, Brace & World, 1962.

*_____. *The Jungle.* New York: Doubleday, Page & Company, 1906.

Sullivan, Mark. *Our Times, The United States 1900-1925: Volume 2, America Finding Herself.* New York: Charles Scribner's Sons, 1927.

Swann, John P. "How Chemists Pushed for Chemical Protection—The Food and Drugs Act of 1906." *Chemical Heritage*, Summer 2006: 6-11.

*U.S. Department of Agriculture, Bureau of Chemistry. *Foods and Food Adulterants.* Bulletin No. 13. Washington, DC: Government Printing Office, 1887-1902.

*_____. *Influence of Food Preservatives and Artificial Colors on Digestion and Health.* Bulletin No. 84, parts 1-5. Washington, DC: Government Printing Office, 1904-08.

"U.S. Food and Drug Administration." *U.S. Department of Health and Human Services.* fda.gov.

Wax, Paul M. "Elixirs, Diluents, and the Passage of the 1938 Federal Food, Drug and Cosmetic Act." *Annals of Internal Medicine*, March 15, 1995: 456-61.

Wedderburn, Alex. J. *A Popular Treatise on the Extent and Character of Food Adulterations.* Bulletin No. 25. U.S. Department of Agriculture, Division of Chemistry. Washington, DC: Government Printing Office, 1890.

Whorton, James. *Before Silent Spring: Pesticides and Public Health in Pre-DDT America.* Princeton, NJ: Princeton University Press, 1974.

*Wiley, Anna Kelton. Papers. Manuscript Division, Library of Congress, Washington, DC.

*Wiley, H. W. "The Adulteration of Food." *Journal of the Franklin Institute*, April 1894: 266-88.

*_____. *General Results of the Investigations Showing the Effect of Salicylic Acid and Salicylates Upon Digestion and Health.* Circular 31, Bureau of Agriculture, August 1906.

*_____. "Methods of Studying the Effect of Preservatives and Other Substances Added to Foods upon Health and Digestion." *Journal of the Franklin Institute*, March 1904: 161-78.

*Wiley, Harvey W. *1001 Tests of Foods, Beverages and Toilet Accessories, Good and Otherwise: Why They Are So.* Revised edition. Arranged by Anne Lewis Pierce. New York: Hearst's International Library, 1916.

*_____. "Applications of Chemistry to Public Welfare." *Journal of the Franklin Institute*, January 1911: 47-54.

*_____. *Foods and Their Adulteration: Origin, Manufacture, and Composition of Food Products; Description of Common Adulterations, Food Standards, and National Food Laws and Regulations.*

Philadelphia: P. Blakiston's Son, 1907.
*_____. *Harvey W. Wiley: An Autobiography*. Indianapolis: Bobbs-Merrill, 1930.
*_____. *The History of a Crime Against the Food Law: The Amazing Story of the National Food and Drugs Law Intended to Protect the Health of the People Perverted to Protect Adulteration of Foods and Drugs*. Washington, DC: Harvey W. Wiley, M.D., 1929.
*Wiley, Harvey Washington. Papers. Manuscript Division, Library of Congress, Washington, DC.
Wilson, Bee. *Swindled: The Dark History of Food Fraud, from Poisoned Candy to Counterfeit Coffee*. Princeton, NJ: Princeton University Press, 2008.
Young, James Harvey. *American Health Quackery: Collected Essays by James Harvey Young*. Princeton, NJ: Princeton University Press, 1992.
_____. *The Medical Messiahs: A Social History of Health Quackery in Twentieth-Century America*. Princeton, NJ: Princeton University Press, 1967.
_____. *Pure Food: Securing the Federal Food and Drugs Act of 1906*. Princeton, NJ:Princeton University Press, 1989.
_____. *The Toadstool Millionaires: A Social History of Patent Medicines in America before Federal Regulation*. Princeton, NJ: Princeton University Press, 1961.

신문, 잡지, 회보 등

American Journal of Pharmacy
American Journal of Public Health and The Nation's Health
The Analyst: The Organ of the Society of Public Analysts and Other Analytical Chemists
Bulletin of the History of Medicine
Chicago Daily Tribune
Evening Star [Washington, DC]
FDA Consumer Magazine
Forbes
Good Housekeeping
The Hill [Washington, DC]
The Independent
Journal of the American Medical Association
Journal of the History of Medicine and Allied Sciences
Ladies' Home Journal
Literary Digest

New-York Daily Tribune

New York Sun

New York Times

Public Health Reports

Smithsonian.com

Wall Street Journal

Washington Post

Washington Times

Witchita [KS] Daily Eagle

찾아보기

ㅂ

ㅅ

ㅇ

ㅈ

ㅊ

ㅋ

ㅌ

ㅍ

ㅎ

도판 출처

Samuel Hopkins Adams, *The Great American Fraud*. Chicago: Press of the American Medical Association, 1906: 69쪽, 71쪽.

Bemidji [MN] Daily Pioneer, January 7, 1905: 51쪽(오른쪽 아래).

Buffalo [NY] Courier, March 16, 1912: 102쪽.

Chicago Eagle, March 10, 1906: 77쪽.

Collier's, June 3, 1905: 68쪽.

Country Gentleman, November 1930: 123쪽.

Daily Press [Newport News, VA], November 23, 1906: 56쪽.

Evening Times-Republican [Marshalltown, IA], September 17, 1903: 56쪽(아래).

Film Fun, May 1922: 83쪽(밑에서 두 번째).

Courtesy of the **General Federation of Women's Clubs:** 40쪽(위).

Hyland's, hylands.com: 147쪽.

The Independent, June 30, 1910: 97쪽.

Kalispell [MT] Bee, May 5, 1903: 165쪽.

Ladies' Home Journal, January 1898: 67쪽.

Library of Congress, Manuscript Division, Papers of Harvey W. Wiley: 85쪽, 161쪽(위, 아래).

Library of Congress, Prints & Photographs Division: LC-DIG-ppmsca-25463: 5쪽; LC-USZ61-732: 16쪽; LC-USZ61-1989: 20쪽; LC-USZ61-733: 29쪽; LC-USZ62-107024: 30쪽; LC-USZ62-55447: 31쪽; LC-USZ61-576: 36쪽; LC-USZ61-728: 38쪽; LC-USZ62-55763: 41쪽; LCUSZC2-3651: 62쪽(위 왼쪽); LC-DIGppmsca-09485: 62쪽(아래); LCUSZ62-5379: 64쪽; LC-USZ61-768: 65쪽; LCUSZ62-51782: 76쪽(위); LC-USZ62-50217: 76쪽(아래); LC-DIG-ppmsca-36062: 78쪽; LC-DIG-ppmsca-26074: 80쪽; LC-DIGppmsca-26036: 82-83쪽; LC-USZ62-68363: 90쪽(중간 왼쪽); LC-USZ62-89917: 110쪽; LCDIG-ppmsca-35977: 154쪽(위); LCUSZ62-55461: 154쪽(아래); LCUSZ62-125525: 156쪽; C.

M. Bell Studio Collection: LC-B5-28192A: 24쪽; Carol M. Highsmith Archive: LC-HS503-5903: 37쪽(위); LC-HS503-3874: 37쪽(아래); George Grantham Bain Collection: LCB2-5028-7: 83쪽(위에서 첫 번째); LC-B22-368-11: 83쪽(위에서 세 번째); George W. Harris Collection: LC-DIG-ppmsca-38923: 94쪽 ; Harris & Ewing Collection: LC-H25-85182-K: 83쪽(위에서 두 번째); LC-H261-4146: 101쪽 (왼쪽 위); LC-H22-D-1893: 128쪽; LCH2-B-5176-4: 130쪽; National Photo Company Collection: LC-F81-25909: 111쪽; LC-F82-4927: 113쪽; New York World- Telegram and the Sun Newspaper Photograph Collection: LCUSZ62-132336: 83쪽(밑에서 첫 번째); Harvey W. Wiley Collection & Papers: 14쪽; LCUSZ6-2056: 15쪽, 16쪽; LC-USZ62-95796: 91쪽, 100쪽(왼쪽); 101쪽(왼쪽 아래); 101쪽(오른쪽).

Los Angeles Times, October 27, 1937: 135쪽.

Louisville [KY] Post, March 1912: 104쪽.

Lyceum News, April 1912: 106쪽.

National Library of Medicine, Images from the History of Medicine: front flap(top and bottom), 10쪽, 11쪽, 34쪽, 50쪽, 63쪽(위 왼쪽·오른쪽), 90쪽(위 왼쪽·오른쪽), 93쪽, 141쪽, 143쪽, 144쪽.

National Museum of Health and Medicine, Otis Historical Archives: 139쪽.

New York Sun, October 13, 1903: 54쪽(위); November 11, 1908: 86쪽.

New York Tribune, February 23, 1919: 116쪽(오른쪽).

Perrysburg [OH] Journal, June 21, 1912: 98쪽.

San Francisco Call, October 12, 1903: 51쪽(오른쪽 위)

Shutterstock, Inc.: 1쪽, 3쪽.

Starkville [MS] News, October 7, 1904: 73쪽.

United States Food and Drug Administration, History Office: 26쪽, 27쪽, 39쪽, 42쪽, 44-45쪽, 47쪽, 48쪽, 49쪽, 52쪽, 55쪽, 58쪽, 59쪽, 62쪽(위 오른쪽), 63쪽(아래), 84쪽, 88쪽, 90쪽(중간 오른쪽), 90쪽(아래), 96쪽, 99쪽, 112쪽, 116쪽, 121쪽, 124쪽, 126쪽, 133쪽, 142쪽, 146쪽(위, 아래), 148쪽, 149쪽, 155쪽, 158쪽.

Courtesy of ***Vassar College Library***, Archives and Special Collections, Ruth Lamb Atkinson Papers: 131쪽

Washington [DC] Post, April 1, 1932: 120쪽.

Washington [Olympia] Standard, March 31, 1905: 51쪽(오른쪽 위)

Washington [DC] Star, March 17, 1912: 103쪽; June 13, 1924: 116쪽(왼쪽 아래); October 19, 1923: 116쪽(왼쪽 위).

Washington [DC] Times, December 29, 1902: 51쪽(왼쪽 아래); May 21, 1904: 60쪽.

Wellcome Collection: 8쪽, 63쪽(위 가운데), 127쪽, 140쪽, 167쪽.

Wikimedia Commons: 98; Creative Commons Attribution-Share Alike 2.0, Sam LaRussa: 119쪽.

Harvey W. Wiley, *Harvey W. Wiley: An Autobiography,* Indianapolis: Bobbs-Merrill, 1930: 32쪽, 100쪽(왼쪽), 108쪽.